튜링과
함께하는
암호 해독

Turing
Test

3

튜링과
함께하는
암호 해독

튜링 재단 · 개러스 무어 지음

Expert
Code Breaker

이지북
EZbook

차례

머리말

앨런 튜링이 마지막으로 발표한 논문은 퍼즐에 관한 것이었습니다. 인기 과학 잡지 《펭귄 사이언스 뉴스》에 기고한 논문 주제는 많은 수학 문제가 풀릴 수 있는 반면, 어떤 특정한 문제는 풀릴 수 있는지 아닌지 미리 알 수 없다는 점을 일반 독자에게 설명하는 것입니다. 앨런 튜링의 마지막 논문은 그의 첫 번째 논문의 연장선에서 수학적 정의에 대한 개연성 테스트를 다루는 것뿐만 아니라, 현재 프로그램 작동이 가능한 컴퓨터의 청사진으로 간주되는 것을 제시합니다.

비록 앨런 튜링이 20세기의 위대한 수학자 중 한 명이고 숫자의 작용 방식에 상당히 흥미를 느끼기는 했지만, 연구할 때 그는 특별히 정돈됐다거나 체계적이지 않았고 그로 인해 가끔 오류를 일으키기도 했습니다. 그를 가르친 교사 중 한 명은 1927년의 성적표에 '고급 수학 연구에 상당히 많은 시간을 쓰느라 기초 공부에 소홀하다. 그의 연구는 엉성하다'라고 불만 사항을 기록하기도 했습니다. 산수에서는 3을 5로 오인한다거나 1을 하나 빼먹는다거나 하는 일 없이 숫자를 정확하게 다룰 수 있는 기계적인 도구, 즉 계산기를 사용하는 것이 그에게는 더 안전했을 것입니다. 오늘날 부분적으로는 앨런 튜링 덕분에 대량의 고속 처리가 컴퓨터에 의해 이뤄지고 있습니다.

컴퓨터는 이제 직장과 집 책상 위, 스마트폰이나 태블릿피시뿐만이 아니라 거의 모든 현대 기계에서 흔하게 볼 수 있습니다. 세계 모든 지역이 다 그렇다는 것은 아니지만 사람들에게 컴퓨터 기술과 코딩을 가르치는 일은 이제 확실히 교육과정의 일부가 되었습니다. 아프리카에서는 학교에서 컴퓨터를 접할 기회가 상황에 따라 매우 다르며, 일부 국가에서는 학생이 실제로 컴퓨터를 직접 체험할 기회가 거의 없습니다. 예를 들어, 말라위에서는 학생들이 집에서 컴퓨터를 사용할 확률이 8퍼센트에 불과하지

만, 학교에 컴퓨터가 있으면 90퍼센트 이상의 학생이 접근할 수 있습니다. 98퍼센트 이상의 학생이 컴퓨터로 배울 때 더욱 즐겁다고 말하는 것으로 보아 컴퓨터를 제공하는 것은 학생들에게 동기를 부여하는 일입니다.

2009년 앨런 튜링의 종손인 제임스에 의해 설립된 자선단체 '튜링 트러스트'는 컴퓨터 개발에서 앨런 튜링이 남긴 유산을 기리는 실용적인 방법으로 이러한 난제를 해결하고자 합니다. 튜링 트러스트는 아프리카 학교에 작동이 잘되는 중고컴퓨터를 제공하여, 컴퓨터를 배울 수 없는 시골 지역에 컴퓨터실을 구축할 수 있도록 하고 있습니다. 새롭게 단장한 컴퓨터는 지역 교육과정에 관련된 자료가 입력된 전자도서관이 갖춰진 후, 소외된 지역사회로 보내집니다.

이 책을 구입하시고 튜링 트러스트를 지지해주셔서 감사합니다.

더멋 튜링
2018년 10월

독자에게 드리는 유의 사항

이 책의 퍼즐은 심약한 사람을 위해 의도된 것이 아니라, 숙련된 퍼즐 해결사에게 도전하기 위해 고안되었습니다. 퍼즐은 세 단계의 난이도로 나뉘며, 세 번째 단계의 퍼즐은 정말 전문가를 위한 것입니다.

본 책에 달리 언급되지 않은 한, 책에 인용된 내용은 앨런 튜링의 말입니다.

알파벳 숫자 값

1	A	26		14	N	13
2	B	25		15	O	12
3	C	24		16	P	11
4	D	23		17	Q	10
5	E	22		18	R	9
6	F	21		19	S	8
7	G	20		20	T	7
8	H	19		21	U	6
9	I	18		22	V	5
10	J	17		23	W	4
11	K	16		24	X	3
12	L	15		25	Y	2
13	M	14		26	Z	1

아트바쉬 암포*

원래의 알파벳	변환된 알파벳
A	Z
B	Y
C	X
D	W
E	V
F	U
G	T
H	S
I	R
J	Q
K	P
L	O
M	N

폴리비오스 암호**

	1	2	3	4	5
1	A	B	C	D	E
2	F	G	H	I/J	K
3	L	M	N	O	P
4	Q	R	S	T	U
5	V	W	X	Y	Z

* 단일치환암호 중 하나로 알파벳에 적용하면 위와 같다.

** 고대 그리스의 역사가인 폴리비오스에 의해서 발명된 치환 암호의 일종이다.

숨겨진 단어

아래의 문장 안에 숨겨져 있는 영국의 유명한 소설가
5명의 이름을 찾을 수 있나요?

My beau stencilled a floral design.

내 남자친구가 스텐실로 꽃무늬를 찍었다.

I bought wool, forgetting that
my needles were broken.

나는 바늘이 부러졌다는 사실을 잊은 채 털실을 샀다.

We washed our hands for sterilization.

우리는 살균하기 위해 손을 씻었다.

Tomorrow, linguists will lecture us
about speech development.

내일은 언어학자들이 우리에게 언어능력 향상에 대해 강의할 것이다.

I observed the beautiful shell,
eyes wide with admiration.

나는 아름다운 조개를 관찰하며 감탄해서 눈이 휘둥그레졌다.

논리 퍼즐

다음 글을 읽고 마지막 질문에 답할 수 있는지
알아보세요.

롬바드 로드, 머튼 로드, 뉴파크 로드 등 3개의 도로에서 도로공사가
이뤄지고 있습니다. 하나는 전기공사, 하나는 가스공사, 다른 하나는
수도공사입니다. 한 공사는 일주일, 다른 하나는 2주일, 나머지 하나는
1개월이 소요될 예정입니다.
다음 사항들도 마찬가지로 진실입니다.

• 머튼 로드의 작업은 전기공사보다 더 오래 걸릴 것이다.
• 앞으로 2주 동안 진행될 작업은 가스공사가 이뤄지는 도로보다
  알파벳에서 더 늦은 순서의 이름을 가진 도로에서 이뤄진다.
• 롬바드 로드에서는 가스공사를 하지 않고 있다.
• 전기공사가 수도공사보다 시간이 더 걸릴 것이다.

이러한 정보를 바탕으로, 어떤 공사가 어느 도로에서 얼마나 오래
지속되는지 추론할 수 있나요?

애너그램* + 1

다음 각 행에는 순서가 뒤죽박죽된 단어에 글자 1개가
추가돼 있습니다. 이 추가된 글자를 연결해 위에서 아래로
읽으면, 제대로 정리된 모든 단어와 어울리는 주제를
드러낼 것입니다.

Sip far

Rude borax

On lay

Miles learn

Cenci

Scene an

* 애너그램: 단어나 문자의 순서를 바꾸어 다른 단어나 문장을 만드는 놀이.

1999년, 《타임》지는 튜링을 20세기의
가장 중요한 인물 100명 중 1명으로 선정했습니다.

단서 연결하기

아래의 단서들을 풀어서 나온 모든 답의 연관성을
찾을 수 있나요?

Finger joint

손가락 관절

Rap on a door

문을 똑똑 두드리다

Measure of wind

바람을 측정하는 것

To be informed or aware

들었거나 알고 있다

A cutting blade

예리한 칼날

튜링 테스트

시저 암호*를 풀어서 다음과 같은 앨런 튜링의 인용문을 해독하세요. 각 글자를 알파벳상에서 일정한 양만큼 앞이나 뒤로 옮기세요. 예를 들어, A를 C로 B를 D로 바꿀 수 있다면 Y를 A로 Z를 B로 바꿀 수 있게 되는 식입니다.

OCA PQV OCEJKPGU ECTTA QWV

UQOGVJKPI YJKEJ QWIJV VQ DG

FGUETKDGF CU VJKPMKPI DWV

YJKEJ KU XGTA FKHHGTGPV

HTQO YJCV C OCP FQGU?

* 시저 암호: 카이사르가 썼던 암호로, 평행이동이라는 방법을 사용하여 암호화함.

코드 코너

당신은 각각 특정한 암호화를 적용한, 영화 〈007〉
시리즈에 나오는 악당 5명의 이름을 해독할 수 있나요?

RESNSTATRVBOOLEFDL

UHOGRDXA

UAIRGCLOFDNIEGR

ELHCFIRFE

ORASLKBEB

음성 단서

다음 단어들을 보이는 대로 말하여, 수도의 이름을
맞혀보세요.

7

V N R

X P

L G RR

V N T N

P P O

자음 요약

아래와 같은 유형의 정부 이름에서 모든 모음, 공백, 하이픈이 삭제되었습니다. 그런 다음 원본 텍스트를 더 위장하기 위해 일부 공백을 추가 삽입했습니다.
빠진 문자를 복원하여 원래의 단어를 찾아낼 수 있나요?

CN STT TN L SM

DC TT RSH P

L GR CHY

TYR N NY

RS TCR CY

MP RL SM

숨겨진 연결 부위

다음 단어 쌍들은 각각 3번째 단어를 은밀히 숨기고 있습니다. 이 3번째 단어는 1번째 단어의 끝과 2번째 단어의 시작에 추가되어 2개의 새로운 단어를 만들 수 있습니다. 6개의 숨겨진 단어를 모두 찾아낼 수 있나요?

OUT _____ LESS

HEAD _____ RAIN

SUN _____ POT

GRAPE _____ ION

KIN _____ LORE

WILL _____ HOUSE

10 빠진 글자

다음 〈007〉 시리즈 영화 제목들에는 주인공 이름
'JAMES BOND'에 있는 글자가 모든 빠져 있습니다.
빠진 글자들을 찾아 영화 제목을 완성하세요.

GLFIGR

CTPUY

GLY

LICC T KILL

FR RUI WITH LV

CI RYL

표현하기

다음 5개의 평범한 구절을 각각 관용구로
다시 표현할 수 있나요?

Snap a femur.
대퇴골을 부러뜨려라.

Tramps cannot be selective asking for alms.
부랑자들은 보시를 청하는 일에 선택적일 수 없다.

Rather delayed than not at all.
전혀 하지 않는 것보다 지연되는 것이 낫다.

A midday meal must be paid for.
점심 비용은 지불해야 한다.

The premature sparrow eats first.
조숙한 참새가 먼저 먹는다.

12 동음이의어 단서

다음 단서를 풀어, 모든 답의 동음이의어 사이에서
연관성을 찾을 수 있나요?

Section at the end of a book (8글자)

책의 끝부분

Give support to (4글자)

……를 지지하다

Punctuation mark preceding a list (5글자)

목록 앞에 구두점 표시

Twelve inches (4글자)

12인치

Building devoted to worship (6글자)

예배를 드리는 건물

빠진 글자

다음 역사적 인물들의 이름은
1칸씩 지날 때마다 글자가 빠져 있습니다.
빠진 글자들을 채워 인물들의 이름을 맞혀보세요.

_I_S_O_ C_U_C_I_L

L_O_ T_O_S_Y

_A_A_M_ G_N_H_

F_O_E_C_ N_G_T_N_A_E

_B_A_A_ L_N_O_N

M_R_I_ L_T_E_ K_N_

암호는 수수께끼야.

다른 게임과 마찬가지로 그냥 게임이야.

14 논리 퍼즐

다음 글을 읽고 마지막 질문에 답할 수 있는지
알아보세요.

한 페이지에 3개의 도형이 연속으로 그려집니다.
하나는 원, 또 하나는 마름모꼴, 나머지 하나는 직사각형입니다.
하나는 금, 하나는 은, 하나는 청동입니다.
다음 사항들도 마찬가지로 진실입니다.

- 직사각형은 청동 도형 옆에 있습니다.
- 마름모형은 금 도형의 오른쪽 어딘가에 있습니다.
- 마름모형의 금속 색조는 직사각형의 금속 색조보다 알파벳상
  더 뒤에 있습니다.
- 왼쪽에 있는 도형은 4개의 측면이 있습니다.

이 정보를 바탕으로 각 도형의 금속과 상대적인 위치를
추론할 수 있나요?

숨겨진 단어

다음 각 문장에 숨겨진, 한 단어로 된 영화 제목들을
찾을 수 있나요?

Where has the sugar gone?

설탕은 어디로 사라졌나?

An alkali enables an acid to neutralize.

알칼리는 산을 중화시킬 수 있다.

The apartment was chic, a gorgeous wood-and-glass theme evident throughout.

아파트는 세련됐고, 나무와 유리라는 화려한 테마가 곳곳에 선명했다.

Don't give the ogre a second thought!

그 괴물은 두 번 다시 생각하지 마!

If you don't halt it, an iceberg will hit it.

네가 그것을 멈추지 않으면, 빙산에 부딪힐 거야.

16 애너그램 + 1

다음 각 행에는 순서가 뒤죽박죽된 단어에 글자 1개가 추가돼 있습니다. 이 추가된 글자를 연결해 위에서 아래로 읽으면, 제대로 정리된 모든 단어와 어울리는 주제를 드러낼 깃입니다.

A lanky giant

Our praise

Via or tick

I am wale

Ask bail

단서 연결하기

아래의 단서들을 풀어서 나온 모든 답의 연관성을
찾을 수 있나요?

Style or category, usually of art

대체로 예술의 스타일이나 범주

Buttery, flaky pastry

버터를 바른, 얇게 부서지는 페이스트리

Agreed upon meeting

동의한 만남

Business owner or manager

사업의 소유자 또는 관리자

The Nutcracker, eg

예를 들면 〈호두까기 인형〉

18 튜링 테스트

시저 암호를 풀어서 다음과 같은 앨런 튜링의 인용문을
해독하세요. 각 글자를 알파벳상에서 일정한 양만큼 앞이나
뒤로 옮기세요. 예를 들어, A를 C로 B를 D로 바꿀 수 있다면
Y를 A로 Z를 B로 바꿀 수 있게 되는 식입니다.

W YKILQPAN SKQHZ ZAOANRA PK

XA YWHHAZ EJPAHHECAJP EB EP

YKQHZ ZAYAERA W DQIWJ EJPK

XAHEAREJC PDWP EP SWO DQIWJ.

코드 코너

각각 특정한 암호를 적용하여 〈007〉 시리즈에
나오는 제임스 본드 역을 맡은 배우 5명의 이름을
해독할 수 있나요?

4 1 14 9 5 12 3 18 1 9 7

18 15 7 5 18 13 15 15 18 5

19 5 1 14 3 15 14 14 5 18 25

16 9 5 18 3 5 2 18 15 19 14 1 14

20 9 13 15 20 8 25 4 1 12 20 15 14

20 음성 단서

다음 단어들을 보이는 대로 말함으로써,
미국 주의 이름을 맞혀보세요.

10 S E

U Θ R

N D N R

I O R

A Y E

자음 요약

다음과 같은 차의 부품 이름에서 모든 모음, 공백,
하이픈을 삭제했습니다. 그런 다음 원래 단어를
더 위장하기 위해 일부 공백을 추가로 넣었습니다.
빠진 문자를 복원해서 원래 단어를 알아낼 수 있나요?

CCL RTR

TCHM TR

SP R KPLG

XH STPP

PS TN

BR KPD

22 숨겨진 연결 부위

다음의 단어 쌍들은 각각 3번째 단어를 은밀히 숨기고 있습니다. 이 3번째 단어는 1번째 단어의 끝과 2번째 단어의 시작에 추가되어 2개의 새로운 단어를 만들 수 있습니다. 6개의 숨겨진 단어를 모두 찾아낼 수 있나요?

PUMP _____ FOLK

OUT _____ WAY

INTER _____ LESS

DATA _____ LINE

UNDER _____ FIELD

GOD _____ BOARD

빠진 글자

다음 〈해리 포터〉 책에 등장하는 인물들 이름에는 'HOGWARTS'에 있는 글자가 모두 빠져 있습니다. 빠진 글자들을 찾아 인물의 이름을 완성하세요.

LD VLDEM

IIU BLCK

DC MLFY

EVEU NPE

N ELEY

Y PE

만약 컴퓨터가 인간이라고 믿도록
인간을 속일 수 있다면 지적이라고 할 만하다.

24 표현하기

다음 5개의 평범한 구절을 각각 관용구로
다시 표현할 수 있나요?

History, history, history.

역사, 역사, 역사.

To mimic is to excessively praise without deceit.

모방하는 것은 허위 없이 지나치게 칭찬하는 것이다.

That which is pleasant is not infinite.

즐거운 것은 무한하지 않다.

Residence is where your blood gets pumped.

거주지는 당신의 피가 솟구치는 곳이다.

Clocks are expensive.

시계는 비싸다.

동음이의어 단서

다음 단서를 풀어, 모든 답의 동음이의어 사이에서
연관성을 찾을 수 있나요?

One that burns fiercely and brightly (6글자)
맹렬하고 밝게 타오르는 것

People who fight with padded gloves (6글자)
패딩 장갑을 끼고 싸우는 사람들

Brodie, Grey, Harlow and Valjean (5글자)
브로디, 그레이, 할로, 장발장

Films that are not feature-length (6글자)
장편이 아닌 영화

Chanted Scottish girls (10글자)
성가를 부르는 스코틀랜드 소녀들

26 빠진 글자

다음 맹금류의 이름은 1칸씩 지날 때마다 글자가
빠져 있습니다. 빠진 글자들을 채워 맹금류의 이름을
맞혀보세요.

_U_Z_R_

S_C_E_A_Y _I_D

_A_C_N

O_P_E_

_U_T_R_

G_S_A_K

논리 퍼즐

다음 글을 읽고 마지막 질문에 답할 수 있는지
알아보세요.

알렉스, 빌리, 찰리는 모두 같은 거리에 살며,
거리의 홀수 쪽에 연달아 있는 세 집에 거주하고 있습니다.
1명은 1번, 또 한 명은 3번, 나머지 1명은 5번에서 삽니다.
문마다 색깔이 달라서 각각 파란색, 초록색, 빨간색 문입니다.
다음 사항들도 마찬가지로 진실입니다.

- 빌리는 찰리 옆에 삽니다.
- 파란색 문이 있는 집은 알렉스의 집 옆에 있습니다.
- 5번 거주자는 빨간 문이 있는 집의 거주자보다 알파벳에서
  더 늦은 순서에 있는 이름을 가지고 있습니다.
- 찰리의 집은 초록색 문이 아닙니다.

이 정보를 바탕으로, 당신은 누가 어느 집에 사는지
그리고 그 집의 문은 무슨 색인지 추론할 수 있나요?

28 숨겨진 단어

다음 문장에 숨겨진 유럽 5개국의 이름을
찾을 수 있나요?

We've called Interpol and they can't give us any new information.

우리가 인터폴에 연락했는데 그들은 새로운 정보를 줄 수 없답니다.

The Bureau's triangulating the data points from around the city.

FBI가 도시 주변의 측정점들을 삼각측량하고 있습니다.

Starting that fire landed him in all this trouble.

그 불이 나서 그는 이 모든 곤경에 빠졌습니다.

The wolf ran ceaselessly through the long grass.

늑대가 긴 풀 사이로 쉴 새 없이 달렸습니다.

I've spoken about this to his manager many times.

나는 그의 매니저에게 이 일에 대해 여러 번 말했습니다.

애너그램 + 1

다음 각 행에는 뒤죽박죽된 단어와 1개의 추가 글자가
포함되어 있습니다. 추가된 글자를 위에서 아래로 읽으면,
제대로 정리된 여섯 단어에 어울리는 주제를 드러낼 것입니다.

Pig or all

Mr rule

A groan unit

Rare mist

Ana bobo

Empathic zen

Big bone

30 단서 연결하기

아래의 단서들을 풀어서 나온 모든 답의 연관성을
찾을 수 있나요?

What this is
이것은 무엇일까요

To misappropriate money
돈을 유용하는 것

Whirlpool bath
기포 목욕법

Winter storm
겨울 폭풍

Off balance and unsteady
균형을 잃어 불안정함

튜링 테스트

시저 암호를 풀어서 다음과 같은 앨런 튜링의 인용문을
해독하세요. 각 글자를 알파벳상에서 일정한 양만큼 앞이나
뒤로 옮기세요. 예를 들어, A를 C로 B를 D로 바꿀 수 있다면
Y를 A로 Z를 B로 바꿀 수 있게 되는 식입니다.

BJ HFS TSQD XJJ F XMTWY INXYFSHJ

FMJFI, GZY BJ HFS XJJ UQJSYD

YMJWJ YMFY SJJIX YT GJ ITSJ.

코드 코너

각각 특정한 암호를 적용하여, 5개의 첩보 영화 제목을 해독할 수 있나요?

XZHRML ILBZOV

ZGLNRX YOLMWV

GSV YLFIMV RWVMGRGB

NRHHRLM RNKLHHRYOV

GSV OREVH LU LGSVIH

음성 단서

다음 단어들을 보이는 대로 말하여, 꽃의 이름을
맞혀보세요.

M R L S

N M N E

AA A L E R

I R S

P P

앨런 튜링은 근본적으로 현대 컴퓨터 과학을 창시했다.
1936년, 그는 《워싱턴 포스트》가 '컴퓨터 시대의 창립 문서'라고 부르는
〈계산 가능한 숫자에 대하여On Computable Numbers〉라는
중요한 논문을 발표했다.

자음 요약

다음과 같은 종류의 무술 이름에서 모든 모음, 공백,
하이픈을 삭제했습니다. 그런 다음 원래 단어를 더
위장하기 위해 일부 공백을 추가로 넣었습니다. 빠진
문자를 복원해서 원래 단어를 찾아낼 수 있나요?

K D

C PR

KN GF

T KW ND

KR T

M YTH

숨겨진 연결 부위

다음 단어 쌍들은 각각 3번째 단어를 은밀히
숨겨놓았습니다. 이 3번째 단어는 1번째 단어의 끝과
2번째 단어의 시작에 붙어 2개의 새로운 단어를 만들 수
있습니다. 6개의 숨겨진 단어를 모두 찾아보세요.

WING _____ TOED

CARP _____ WAY

BAND _____ STILL

KING _____ MAN

CON _____ IONS

OVER _____ PING

36 빠진 글자

다음 유명한 영국 배우들 이름에는
'HITCHCOCK'에 있는 글자가 모두 빠져 있습니다.
빠진 글자들을 찾아 배우의 이름을 완성하세요.

ANNY PNS

MAEL ANE

AE WNSLE

JN LEESE

ERA NGLEY

RARD BURN

표현하기

다음 5개의 평범한 구절을 각각 다시 관용구로
표현할 수 있나요?

The dollar has a lot to say.

달러는 할 말이 많다.

Fewer objects result in a greater total count.

개체 수가 적을수록 총 개수는 증가한다.

Requirement is the female parent of creation.

요건은 창조의 여성 부모다.

Maintain a raised jaw.

턱을 높게 유지하라.

Avoid executing the envoy.

사절의 처형을 피하라.

38 동음이의어 단서

다음 단서를 풀어, 모든 답의 동음이의어 사이에서
연관성을 찾을 수 있나요?

Decaying matter of a road vehicle (6자)

도로 차량의 부패 물질

Space for pulping (8자)

걸쭉하게 만들기 위한 공간

Plate of the Egyptian sun god (6자)

이집트 태양신의 접시

Crush (6자)

으스러지다

Rotate internet protocol (6자)

인터넷 프로토콜로 바꿔라

빠진 글자

다음 동요들의 제목은 1칸씩 지날 때마다 글자가
빠져 있습니다. 빠진 글자들을 채워 동요들의 제목을
맞혀보세요.

_A_ B_A _L_C_ S_E_P

C_C_ A _O_D_E _O_

_U_P_Y _U_P_Y

_A_Y _A_ A _I_T_E _A_B

L_T_L_ M_S_ M_F_E_

_H_E_ B_I_D _I_E

40 논리 퍼즐

다음 글을 읽고 마지막 질문에 답할 수 있는지
알아보세요.

3권의 책이 한 무더기로 쌓여 있습니다. 각각 다른 표지를 하고
있는데 하나는 흰색, 또 하나는 금색, 나머지 하나는 검은색입니다.
각각 200쪽, 400쪽, 500쪽 분량입니다.
다음 사항들도 마찬가지로 진실입니다.

· 검은색 책은 500쪽 책 위에 있습니다.
· 200쪽짜리 책은 금색 책에 닿아 있습니다.
· 가운데 책은 흰색 책보다 쪽수가 더 많습니다.
· 맨 위에 있는 책은 400쪽이 아닙니다.

이 정보를 바탕으로 각 책의 위치, 표지의 종류, 책의 분량을
추론할 수 있나요?

숨겨진 단어

다음 문장 속에 숨겨진 5개의 과일을 찾을 수 있나요?

Were they demons or angels?

그들은 악마였나요, 천사였나요?

They tried to ban an alliance between us.

그들은 우리 사이의 동맹을 금지하려고 했다.

Sitting by myself all evening
made me lonely and bored.

나는 저녁 내내 혼자 앉아 있으니 외롭고 지루했다.

I imagined I was Holden Caulfield,
catcher, rye and all.

나는 내가 홀든 콜필드, 포수, 호밀 등이라고 상상했다.

I can only hope a change will come soon.

나는 어서 변화가 일어나기를 바랄 뿐이다.

42 애너그램 + 1

다음 각 행에는 뒤죽박죽된 단어와 추가 글자 1개가 포함돼 있습니다. 이 여분의 글자를 위에서 아래로 읽으면, 제대로 정리된 모든 단어와 연관된 주제를 드러낼 것입니다.

Dug a co

Hurry gee

Arch deed

A feet

Oil lush am

A razzle mole

단서 연결하기

다음 단서들을 풀어서 나온 모든 답의
연관성 찾을 수 있나요?

Nomadic fortune teller, perhaps
아마도, 유목민 점쟁이

Widely held fictitious story
널리 알려진 허구적인 이야기

Melodic pattern of sound
선율적인 소리

Hunter gatherer of short stature
작은 체구의 수렵·채집인

Underground cavity found beneath a church
교회 지하에서 발견되는 공간

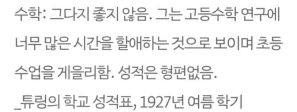

수학: 그다지 좋지 않음. 그는 고등수학 연구에
너무 많은 시간을 할애하는 것으로 보이며 초등
수업을 게을리함. 성적은 형편없음.
_튜링의 학교 성적표, 1927년 여름 학기

44 튜링 테스트

시저 암호를 풀어서 다음과 같은 앨런 튜링의 인용문을
해독하세요. 각 글자를 알파벳상에서 일정한 양만큼
앞이나 뒤로 옮기세요. 예를 들어, A를 C로 B를 D로 바꿀
수 있다면 Y를 A로 Z를 B로 바꿀 수 있는 방식입니다.

RNLDSHLDR HS HR SGD ODNOKD

MN NMD BZM HLZFHMD ZMXSGHMF

NE VGN CN SGD SGHMFR

MN NMD BZM HLZFHMD.

코드 코너

각각 특정한 암호를 적용하여 이러한 5개 정보국의 이름을
해독할 수 있나요?

DGLLQR

LTEKTZ OFZTSSOUTFET LTKCOET

FQZOGFQS LTEXKOZN QUTFEN

UGCTKFDTFZ EGDDXFOEQZOGFL
ITQRJXQKZTKL

YTRTKQS WXKTQX GY OFCTLZOUQZOGF

46 음성 단서

다음 단어들을 보이는 대로 말하여, 고대와 현대 희곡의
이름을 맞혀보세요.

J P P L M

R S TT

LL S TT

U M N A DD

R AA N Nth S N

자음 요약

다음과 같은 음악 장르 이름에서 모든 모음, 공백,
하이픈을 삭제했습니다. 그런 다음 원래 단어를 더
위장하기 위해 일부 공백을 추가로 넣었습니다.
빠진 문자를 복원해서 원래 단어를 찾아낼 수 있나요?

M BNT

BL GR SS

RG G

G RNG

G S PL

TC H N

1단계

48 숨겨진 연결 부위

다음 단어 쌍들은 각각 3번째 단어를 은밀히 숨기고 있습니다. 이 3번째 단어는 1번째 단어의 끝과 2번째 단어의 시작에 추가되어 2개의 새로운 단어를 만들 수 있습니다. 6개의 숨겨진 단어를 모두 찾아보세요.

SHORT _____ OVER

VIGIL _____ LOPE

FORE _____ PRINT

SEA _____ STUFF

BATTLE _____ WELL

PAR _____ PET

49

빠진 글자

다음 가이 리치 감독 영화들 제목에는
'GUY RITCHIE'에 있는 글자가 모두 빠져 있습니다.
빠진 글자들을 찾아 영화의 제목을 완성하세요.

SNA

SLOK OLMS

VOLV

SSP

SWP AWA

AD AS

50 표현하기

다음 5개의 평범한 구절을 각각 다시 관용구로
표현할 수 있나요?

Magnetic seduction?

자석 같은 끌림?

Being frank is the only course worth taking.

솔직해지는 것만이 택할 수 있는 유일한 방법.

Eat a watermelon, become a watermelon.

수박을 먹고 수박이 된다.

Vengeance tastes like candy.

복수의 맛은 사탕과도 같다.

You cannot dance alone in Latin America.

라틴아메리카에서는 혼자 춤출 수 없다.

동음이의어 단서

다음 단서를 풀어, 모든 답의 동음이의어 사이에서
연관성을 찾을 수 있나요?

Move forcefully (6글자)

힘차게 움직이다

One that slices (6글자)

자르는 것

Discarded items (4글자)

폐기되는 품목

Less heavy (7글자)

덜 무거운

Paintbrush for fine work (5글자)

세밀한 작업을 위한 붓

52 빠진 글자

다음 컴퓨터 부속품 이름들은 1칸씩 지날 때마다 글자가
빠져 있습니다. 빠진 글자들을 채워 부속품의 이름을
맞혀보세요.

_R_N_E_

H_R_ D_I_E

_I_R_P_O_E

K_Y_O_R_

_E_C_M

M_N_T_R

논리 퍼즐

다음 글을 읽고 마지막 질문에 답할 수 있는지 알아보세요.

종이에는 스도쿠, 후토시키, 카쿠로 등 3개의 퍼즐이 있습니다.
하나는 쉽고, 또 하나는 중간, 나머지 하나는 어렵습니다. 하나는 왼쪽
위에 있고, 다른 하나는 오른쪽 위, 나머지 하나는 맨 아래에 있습니다.
다음 사항들도 마찬가지로 진실입니다.

- 스도쿠는 오른쪽 위에 있는 퍼즐보다 더 어렵습니다.
- 맨 아래에 있는 퍼즐은 중간 난이도의 퍼즐보다 알파벳상으로 앞에
  있습니다.
- 후토시키는 맨 위에 있습니다.

이 정보를 바탕으로 각 퍼즐의 위치와 난이도를 추론할 수 있나요?

1950년 튜링이 제안한 튜링 테스트는,
질문하는 인간이 컴퓨터와 이야기를 나누고 있는지 또는
다른 사람과 이야기를 나누고 있는지 구분할 수 없다면
컴퓨터는 '생각한다'고 말할 수 있다는 점을 시사했다.

숨겨진 단어

아래의 문장 안에 숨어 있는 북미 5개국의 이름을
찾을 수 있나요?

Can a day go by when I don't think of you?

내가 하루라도 너를 생각하지 않고 지낸 날이 있을 것 같아?

The bear cub attached itself to my arm.

새끼 곰이 내 팔에 달라붙었다.

He cooked up an amazing meal for us all.

그는 우리 모두를 위해 훌륭한 음식을 요리했다.

"Aloha!" they all said, as I walked in.
"Aloha," I timidly replied.

내가 들어가자 그들은 모두 "알로하!"라고 말했다. 나는 "알로하"라고 소심하게 대답했다.

Since I fought with my
co-star I can't get any work.

나는 같이 출연하는 배우와 싸워서 일이 잘 풀리지 않는다.

애너그램 + 1

다음 각 행에는 뒤죽박죽된 단어와 추가 글자 1개가 포함돼 있습니다. 추가된 글자를 위에서 아래로 읽으면, 제대로 정리된 모든 단어와 어울리는 주제를 드러낼 것입니다.

55

Shy pearl

Is able

Mr they

Rancid bore

Len fens

56 단서 연결하기

아래 단서를 풀어서 나온 모든 답의 연관성을
찾을 수 있나요?

Earth, water, air and fire
땅, 물, 공기, 불

Cotton cloud
솜뭉치

A monkey's choice of fruit?
원숭이가 선택한 과일?

Season of heavy rain
폭우가 내리는 계절

Thumbing a lift
차를 얻어 타기 위해 엄지손가락을 들어 올림

튜링 테스트

시저 암호를 풀어서 다음과 같은 앨런 튜링의 인용문을 해독하세요. 각 글자를 알파벳상에서 일정한 양만큼 앞이나 뒤로 옮기세요. 예를 들어, A를 C로 B를 D로 바꿀 수 있다면 Y를 A로 Z를 B로 바꿀 수 있게 되는 식입니다.

QB QA XWAAQJTM BW QVDMVB
I AQVOTM UIKPQVM EPQKP KIV
JM CAML BW KWUXCBM IVG
KWUXCBIJTM AMYCMVKM.

58 코드 코너

각각 특정한 암호를 적용한 튜링과 연관된 5개의 단어
이름을 해독할 수 있나요?

. / __ . / . . / __ __ . / __ __ / . _ /

_ . . . / __ __ __ / __ __ / _ . . . / .

_ . _ . / __ __ __ / _ . . / . / _ . . . /
. _ . / . . / . _ / _ . _ / . / . _ .

_ . . . / . _ . . / . / __ / _ . _ . /
. . . . / . _ . . / . / _ . __ __

_ . _ . / __ __ __ / __ __ / . __ __ . /
. . _ / _ / . . / _ . / __ __ .

음성 단서

다음 단어들을 보이는 대로 말하여, 과거의 나라 이름을 맞혀보세요.

P DD E R

4 M OO R

Ψ M

N M

N M E D R

자음 요약

다음과 같은 유형의 시 제목에서 모든 모음, 공백, 하이픈을 삭제했습니다. 그런 다음 원래 단어를 더 위장하기 위해 일부 공백을 추가 삽입했습니다. 빠진 문자를 복원해서 원래 단어를 찾아낼 수 있나요?

LL GR Y

BL LD

P T PH

L M RCK

H K

P GR M

숨겨진 연결 부위

다음 단어 쌍들은 각각 3번째 단어를 은밀히 숨기고
있습니다. 이 3번째 단어는 1번째 단어의 끝과 2번째
단어의 시작에 추가되어 2개의 새로운 단어를 만들 수
있습니다. 6개의 숨겨진 단어를 모두 찾아낼 수 있나요?

MASTER _____ LESS

PRO _____ ALLY

SUPER _____ BOARD

UNDER _____ WORD

BASKET _____ ROOMS

SHORT _____ FORM

62

빠진 글자

다음 영국 시인들 이름에는 로버트 프로스트의 시 제목
〈MENDING WALL〉에 있는 글자가 모두 빠져 있습니다.
빠진 글자들을 찾아 시인의 이름을 완성하세요.

THOS HRY

RUYR KP

JOH TO

Y BROT

CHRST ROSSTT

ZBTH BRRTT BRO

표현하기

다음 5개의 평범한 구절을 각각 다시 표현할 수 있나요?

Discourse is on sale.

담화는 할인 중이다.

One, two, fortunate.

하나, 둘, 다행.

Tally your benedictions.

당신의 축복을 합산해봐라.

Helium balloons always deflate.

헬륨 풍선은 항상 오므라든다.

Larger groups make it jollier.

무리가 크면 더욱 즐거워진다.

종이, 연필, 지우개가 제공되고
엄격한 훈육을 받는 사람은 사실상 만능 기계다.

동음이의어 단서

다음 단서를 풀어, 모든 답의 동음이의어 사이에서
연관성을 찾을 수 있나요?

The front middle of the body (5글자)
신체 앞의 중앙

Put clothes on the Queen (7글자)
여왕에게 옷을 입혀라.

Make fun of smoked meat (7글자)
훈제 고기를 놀리다.

Relating to a Turkish dynasty (7글자)
터키 왕조에 관련됨

Garment for a hospital room (8글자)
병실용 의복

애너그램 – 1

다음 각각의 애너그램에는 1글자씩 빠져 있습니다.
빠진 글자들이 나타내는 또 다른 단어를 맞혀보세요.

65

Xi

Rteh

Leene

Tigh

Ein

66 빠진 글자

다음 대표적인 장난감들의 이름은 1칸씩 지날 때마다
글자가 빠져 있습니다. 빠진 글자들을 채워 장난감들
이름을 맞혀보세요.

_C_I_N _I_U_E_

B_U_C_ B_L_

_I_S_W

S_I_N_N_ T_P

_O_K_N_ H_R_E

B_I_D_N_ B_O_K_

논리 퍼즐

다음 글을 읽고 마지막 질문에 답할 수 있는지
알아보세요.

경마에서는 '레인 오브 테러Rein of Terror' '핫 투 트롯Hot to Trot' '매인
이벤트The Mane Event' 등 3마리의 말이 선두를 달리고 있습니다.
이 중 1마리는 흰색 털을 가지고 있고, 다른 1마리는 밤색 털을 가지고
있으며, 나머지 1마리는 검은색 털을 가지고 있습니다.
다음 사항들도 마찬가지로 진실입니다.

· 핫 투 트롯은 백색 말 뒤에 있습니다.
· 2번째 자리에 있는 말은 밤색 말보다 알파벳에서(적절한 경우, 말 이름에
  'The' 포함) 더 앞선 자리에 있는 이름을 가지고 있습니다.
· 흑색 말은 다른 2마리 사이에 있지 않습니다.

이 정보를 바탕으로 각 말의 위치와 털색을 추론할 수 있나요?

68 빠진 단어

다음 문장에 빠져 있는 5종류의 새 이름을
찾을 수 있나요?

How long does it take to develop a habit?

습관을 들이는 데 얼마나 걸리나요?

I tapped her on the arm.

나는 그녀의 팔을 가볍게 두드렸다.

I'd like to ski with no poles.

나는 폴대 없이 스키를 타고 싶다.

At the river I met a fast-talking fisherman with a can of worms.

나는 강에서 지렁이 통조림을 들고서 말을 빨리하는 어부를 만났다.

I knocked down my brother's wall, owing to the damp.

나는 동생의 축축해진 벽을 무너뜨렸다.

애너그램 + 1

다음 각 행에는 뒤죽박죽된 단어와 1개의 추가 글자가
포함돼 있습니다. 이 여분의 글자를 위에서 아래로 읽으면,
제대로 정리된 모든 단어와 어울리는 주제를 드러낼 것입니다.

A phrase keeps

Toy sea

Cumin Gems

Wilted

Slim ton

70 단서 연결하기

아래의 단서를 풀어서 나온 모든 답의
연관성을 찾을 수 있나요?

Organn of sight

시야 기관

Container often made of woven materia

직조 소재로 만들어진 용기

Artillery mounted on wheels

바퀴 위에 올라 있는 대포

Arc

활 모양

Ice crystals

얼음 결정

튜링 테스트

시저 암호를 풀어서 다음과 같은 앨런 튜링의 인용문을
해독하세요. 각 글자를 알파벳상에서 일정한 양만큼
앞이나 뒤로 옮기세요. 예를 들어, A를 C로 B를 D로 바꿀
수 있다면 Y를 A로 Z를 B로 바꿀 수 있게 되는 식입니다.

JXZEFKBP QXHB JB YV PROMOFPB
TFQE DOBXQ COBNRBKZV.

72 코드 코너

각각 특정한 암호를 적용한, 다음과 같은
허구적인 5명의 스파이 이름을 해독할 수 있나요?

24 11 43 34 33   12 34 45 42 33 15

22 15 34 42 22 15   43 32 24 31 15 54

15 51 15 31 54 33   43 11 31 44

24 11 32 15 43   12 34 33 14

24 11 13 25   42 54 11 33

음성 단서

다음 단어들을 보이는 대로 말하여, 소설의 제목을
맞혀보세요.

M R

U L S EE

8 L F 2 C TT

N R K R N N R

N P M NN R

튜링의 암호 해독 기계인 봄브Bombe는 해독 과정에
필요한 단계를 단축하여 블레츨리 파크의 암호 해독가들이
하루에 최대 4,000개의 메시지를 해독할 수 있게 하였다.

74 자음 요약

다음과 같은 멸종 동물 이름에서 모든 모음, 공백,
하이픈을 삭제했습니다. 그런 다음 원래 단어를
더 위장하기 위해 일부 공백을 추가 삽입했습니다.
빠진 문자를 복원해서 원래 단어를 찾아낼 수 있나요?

R CHS

T HY LC N

W LL Y M MMT H

QG G

D D

M GL D N

숨겨진 연결 부위

다음의 단어 쌍들은 각각 3번째 단어를 은밀히 숨기고
있습니다. 이 3번째 단어는 1번째 단어의 끝과 2번째 단어의
시작에 추가되어 2개의 새로운 단어를 만들 수 있습니다.
6개의 숨겨진 단어를 모두 찾아낼 수 있나요?

WORK _____ SPACE

VIGIL _____ EATER

IMP _____ IONS

WHOLE _____ MEN

CAR _____ TING

RAIN _____ OUT

76 빠진 글자

다음 동화 작가들 이름에는 'WINNIE THE POOH'에
있는 글자가 모두 빠져 있습니다.
빠진 글자들을 찾아 작가의 이름을 완성하세요.

RALD DAL

L ULLMA

BARX R

D BLY

JACQUL LS

JULA DALDS

표현하기

다음 5개의 평범한 구절을 각각 다시 표현할 수 있나요?

Activities are noisier than squabbles.

행동이 말다툼보다 더 시끄럽다.

Mention Lucifer.

루시퍼를 언급하라.

Below atmospheric conditions.

낮은 대기 조건.

Inquisitiveness executed Garfield?

호기심이 가필드를 처형했나요?

To be unaware is to be joyful.

모르는 것이 즐거운 것이다.

78 동음이의어 단서

다음 단서를 풀어, 모든 답의 동음이의어
사이에서 연관성을 찾을 수 있나요?

A pain in the neck (5글자)

목의 통증

Aggressive dog, that is to say (5글자)

말하자면, 공격적인 개

Hunting game with a trained
bird of prey (7글자)

훈련된 맹금류로 하는 사냥 게임

Adore patterned silk (8글자)

아름다운 무늬의 실크를 매우 좋아하다

Modern unit of weight (6글자)

현대적인 무게 단위

빠진 글자

다음 철학자들 이름은 1칸씩 지날 때마다 글자가
빠져 있습니다. 빠진 글자를 채워 철학자들의 이름을
맞혀보세요.

_R_S_O_L_

C_O_S_Y

_I_T_S_H_

R_U_S_A_

_A_T_E

L_I_N_Z

논리 퍼즐

다음 글을 읽고 마지막 질문에 답할 수 있는지
알아보세요.

3척의 배가 영국으로 항해하고 있습니다.
각각 딜리버런스호, 오디세이호, 트라이엄프호입니다.
하나는 카우스에, 다른 하나는 도버에, 나머지 하나는 뉴헤이번에
정박합니다. 각각 1시, 2시, 3시 정각에 도착합니다.
다음 사항들도 마찬가지로 진실입니다.

· 도버에 정박 중인 선박에 이어 딜리버런스 호가 정박하는 중입니다.
· 카우스에 정박하는 배의 이름은 1시에 정박하는 배의 이름보다
  알파벳 순서상 뒤에 있습니다.
· 뉴헤이번에 정박 중인 배는 홀수 시간에 정박합니다.

이 정보를 바탕으로 각 선박의 정박 시간과 장소를 추론할 수 있나요?

숨겨진 단어

아래의 문장 안에 숨겨져 있는 다섯 종류의 신발 이름을
찾을 수 있나요?

The company had a very basic logo.

그 회사는 매우 기본적인 로고를 가지고 있었다.

The builders at the spa drilled for the duration of my treatment.

내가 온천에서 휴양하는 동안 건축업자들이 드릴 작업을 했다.

I tried to comb rogue hairs away from my face.

나는 흐트러져 있는 머리를 빗질해서 얼굴에서 떼어내려고 했다.

Just three minutes and already you're getting on my nerves!

딱 3분 만에 벌써 내 신경을 거슬리네!

The top of his lip perspired in the heat.

더워서 그의 인중에 땀이 났다.

82 애너그램 + 1

다음 각 행에는 뒤죽박죽된 단어와 1개의 추가 글자가
포함되어 있습니다. 이러한 여분의 글자들을 위에서
아래로 읽으면, 제대로 정리된 모든 단어와 어울리는
주제를 드러낼 것입니다.

Som mue

An old hip

Plan theme

Wheel album

Rules iraq

Verb ale

The chase

단서 연결하기

다음 단서를 풀어서 나온 모든 답의 연관성을
찾을 수 있나요?!

Smokey haze
뿌연 안개

Late morning meal
늦은 아침밥

Continental area from Iceland to Japan
아이슬란드부터 일본까지 대륙 지역

Episodic funny TV show
다양한 에피소드로 웃기는 TV쇼

Overnight accommodation for motorists
운전자를 위한 숙박 시설

모든 계산 가능한 수열을 계산하는 데 사용할 수
있는 단일 기계를 발명하는 것이 가능하다.

84 튜링 테스트

시저 암호를 풀어서 다음과 같은 앨런 튜링의 인용문을 해독하세요. 각 글자를 알파벳상에서 일정한 양만큼 앞이나 뒤로 옮기세요. 예를 들어, A를 C로 B를 D로 바꿀 수 있다면 Y를 A로 Z를 B로 바꿀 수 있게 되는 식입니다.

H THU WYVCPKLK DPAO WHWLY,
WLUJPS, HUK YBIILY, HUK ZBIQLJA
AV ZAYPJA KPZJPWSPUL, PZ PU
LMMLJA H BUPCLYZHS THJOPUL.

코드 코너

각각 특정한 암호를 적용한, 영화 〈007〉 시리즈에 나오는
5개의 주제곡 연주자들의 이름을 해독할 수 있나요?
키워드는 Soundtrack(사운드 트랙)이지만,
그것을 어떻게 적용시킬지는 당신에게 달렸습니다.

NQLSG NQLSG

FSNHGGS

MACLDY OSMMDY

GSGUY MCGSPLS

PHF KHGDM

86 음성 단서

다음 단어들을 보이는 대로 말하여, 음료의 이름을
맞혀보세요.

T

B R

PP A

P N O N R

T R M E R

자음 요약

다음과 같은 르네상스 예술가들의 이름에서 모든 모음,
공백, 하이픈을 삭제했습니다. 그런 다음 원래 단어를
더 위장하기 위해 일부 공백을 추가 삽입했습니다.
빠진 문자를 복원해서 원래의 단어를 찾아낼 수 있나요?

B TT CL L

D V NC

RP H L

M CHL N GL

DNT L L

B SC H

88 숨겨진 연결 부위

다음 단어 쌍들은 각각 3번째 단어를 은밀히 숨기고 있습니다. 이 3번째 단어는 1번째 단어의 끝과 2번째 단어의 시작에 추가되어 2개의 새로운 단어를 만들 수 있습니다. 6개의 숨겨진 단어를 모두 찾아낼 수 있나요?

GAS _____ HOP

PEA _____ SHELLS

SHIP _____ STICKS

HERE _____ SHAVE

KEY _____ WORTHY

FOR _____ GREEN

빠진 글자

다음 셰익스피어 희곡들 제목에는 'SHAKESPEARE'에서
있는 글자가 모두 빠져 있습니다. 빠진 글자들을 찾아
희곡의 제목을 완성하세요.

MCBT

T TMT

NY V

ING L

MLT

T WINT' TL

90 표현하기

다음 5개의 평범한 구절을 각각 다시 표현할 수 있나요?

Crack the whisky rocks?

위스키에 넣은 얼음을 깨뜨린다고?

You won't find currency on sycamores.

플라타너스 나무에서 화폐를 찾을 수는 없다.

Affection is requiring braille.

애정은 점자를 필요로 한다.

If a sundial grew wings and took to the skies.

만약 해시계에 날개가 자라서 하늘을 난다면.

Chew the slug.

민달팽이를 씹어라.

동음이의어 단서

다음 단서를 풀어, 모든 답의 동음이의어 사이에서
연관성을 찾을 수 있나요?

Feline sharing a name with Turing (7글자)

튜링과 이름을 공유하는 고양이

Male makes beer (6글자)

남자가 맥주를 만든다.

Small citrus fruit (8글자)

작은 감귤

Make smooth and shiny (6글자)

매끈매끈하고 빛나게 만들어라.

McKellen as an ancient Italian? (8글자)

고대 이탈리아인으로서의 (이안) 매켈런?

92 빠진 글자

다음 지리적 특성들은 1칸씩 지날 때마다 글자가
빠져 있습니다. 빠진 글자를 채워 지리적 특성들을
맞혀보세요.

_ R _ H _ P _ L _ G _

P _ N _ N _ U _ A

_ U _ D _ A

S _ V _ N _ A _

_ I _ E _ B _ D

G _ A _ I _ R

논리 퍼즐

다음 글을 읽고 마지막 질문에 답할 수 있는지
알아보세요.

이번 주에 3대의 차가 사무실 밖에 주차돼 있었습니다.
하나는 감청색, 또 하나는 은색, 나머지 하나는 흰색 차였고
각각 닛산, 르노, 토요타였습니다. 1대는 월요일에, 다른 1대는 화요일,
나머지 1대는 수요일에 주차돼 있었습니다.
다음 사항들도 마찬가지로 진실입니다.

• 감청색 차는 사무실 밖 닛산 뒤에 주차돼 있었습니다.
• 은색 차의 브랜드는 월요일에 주차된 차의 브랜드보다 알파벳에서
  앞쪽에 위치합니다.
• 흰색 차는 토요타가 아닙니다.

이 정보를 바탕으로 각 자동차의 색과 브랜드 그리고 사무실 밖에
주차한 요일을 추론할 수 있나요?

앨런 튜링은 기이한 것으로 유명하다.
그는 결함 있는 자전거 체인을 수리하는 대신, 자신이 페달 밟은 수를
센 후 자전거에서 내려서 체인이 벗겨지기 전에 상태를 조정했다.

2단계

94 숨겨진 단어

아래의 문장 안에 숨겨져 있는 아시아 5개국의 이름을 찾을 수 있나요?

The agent sat on the bench in a
trench coat and dark glasses.

요원은 트렌치코트를 입고 짙은 색 안경을 쓴 채 벤치에 앉아 있었다.

I ran away as fast as I could.

나는 최대한 빨리 달아났다.

Out of the corner of my eye men in trench
coats appeared from all sides, closing in.

곁눈질로 보니, 트렌치코트 입은 남자들이 사방에서 가까이 다가오고 있었다.

Fleeing the unfamiliar men, I attempted
to climb up a nearby tree.

나는 낯선 남자들을 피해 근처 나무에 올라가려 했다.

The last thing I heard was a
thin, diabolical laugh.

내가 마지막으로 들은 것은 희미한 악마 같은 웃음소리였다.

애너그램 + 1

다음 각 행에는 뒤죽박죽된 단어와 1개의 추가 글자가 포함되어 있습니다. 이러한 여분의 글자들을 위에서 아래로 읽으면, 제대로 정리된 모든 단어와 어울리는 주제를 드러낼 것입니다.

Net sins

Balk best pal

Core tick

Bar labels

Try bug

Flogs

96 **단서 연결하기**

다음 단서를 풀어서 나온 모든 답의 연관성을
찾을 수 있나요?

Less heavy

덜 무겁다

Evidence of truth

진실의 증거

Place of employment

근무지

Timber

목재

Insect of the genus Musca

무스카(집파리)속 곤충

튜링 테스트

시저 암호를 풀어서 다음과 같은 앨런 튜링의 인용문을
해독하세요. 각 글자를 알파벳상에서 일정한 양만큼
앞이나 뒤로 옮기세요. 예를 들어, A를 C로 B를 D로 바꿀
수 있다면 Y를 A로 Z를 B로 바꿀 수 있게 되는 식입니다.

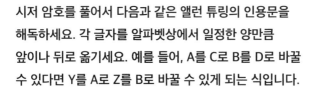

OCJNZ RCJ XVI DHVBDIZ VITOCDIB,

XVI XMZVOZ OCZ DHKJNNDWGZ.

98 코드 코너

각각 특정한 암호를 적용한, 5개의 〈007〉 시리즈
소설의 이름을 해독할 수 있나요?

111 1111 1100 100 110 1001 1110 111 101 10010

1101 1111 1111 1110 10010 1 1011 101 10010

10100 1000 10101 1110 100 101
10010 10 1 1100 1100

11001 1111 10101   1111 1110 1100 11001
1100 1001 10110 101   10100 10111 1001 11 101

1100 1001 10110 101   1 1110 100
1100 101 10100   100 1001 101

음성 단서

다음 단어들을 보이는 대로 말하여, 파스타 종류의
이름을 맞혀보세요.

99

RR O

G M L E

Φ 2 X N E

4 4 L R

R A K T

100 자음 요약

다음과 같은 의료 장비들 이름에서 모든 모음, 공백,
하이픈을 삭제했습니다. 그런 다음 원래 단어를
더 위장하기 위해 일부 공백을 추가 삽입했습니다.
빠진 문자를 복원해서 원래 단어를 찾아낼 수 있나요?

P CMK R

T RN QT

S YRN G

DF B RLL TR

FR CP S

C T HTR

숨겨진 연결 부위

다음 단어 쌍들은 각각 3번째 단어를 은밀히 숨기고 있습니다. 이 3번째 단어는 1번째 단어의 끝과 2번째 단어의 시작에 추가되어 2개의 새로운 단어를 만들 수 있습니다. 6개의 숨겨진 단어를 모두 찾아낼 수 있나요?

UNDER _____ ROOMS

SURE _____ BRAND

TAB _____ DOWN

BALL _____ WAY

MOON _____ HEARTED

SOME _____ WORK

102 사라진 글자

다음 디킨스 소설들 제목에는 'CHARLES DICKENS'에 있는 글자가 모두 빠져 있습니다. 빠진 글자들을 찾아 소설의 제목을 완성하세요.

OV TWT

V OPPF

B OU

T PW PP

OU MUTU F

T BTT OF F

표현하기

다음 5개의 평범한 구절을 각각 다시 표현할 수 있나요?

Rhythmic occurrence surrounding
wild Australian country.

오스트레일리아의 거친 곳을 돌면서 일어나는 율동적인 사건.

Removing angled edges of a square.

정사각형의 각진 모서리를 제거하는 것.

Punch the pouch.

주머니를 때리다.

The final stalk of grain.

곡식의 마지막 줄기.

Yearn for the gravy vessel.

훌륭한 선박을 동경하다.

동음이의어 단서

다음 단서를 풀어, 모든 답의 동음이의어 사이에서
연관성을 찾을 수 있나요?

One who rolls a ball and knocks down pins (6글자)

공을 굴려 핀을 쓰러뜨리는 자

Go past in public transport vehicle (5글자)

대중교통 차량을 타고 지나가다

One who follows hoofed animals (11글자)

발굽이 있는 동물을 따라다니는 사람

A Moroccan city (3글자)

모로코의 도시

More serious letter after N (8글자)

N 다음에 오는 더욱 진지한 글자

빠진 글자

다음 화폐들의 이름은 1칸씩 지날 때마다 글자가 빠져 있습니다. 빠진 글자를 채워 화폐들의 이름을 맞혀보세요.

_A_T

D_A_H_A

_A_D

S_E_E_

_U_L_E_

R_A_

106 논리 퍼즐

다음 글을 읽고 마지막 질문에 답할 수 있는지
알아보세요.

헴록 밴드는 〈브론즈 로Bronze Lows〉〈파이터Fighter〉〈슬립 웰Sleep Well〉
〈섀도 어프로치The Shadow Approach〉라는 4개의 앨범을 발매했습니다.
하나는 47분, 다른 하나는 58분, 또 하나는 65분, 나머지 하나는
78분짜리입니다.
다음 사항들도 마찬가지로 진실입니다.

• 〈브론즈 로〉는 출시될 3번째 앨범보다 더 깁니다.
• 가장 최근의 앨범은 두 단어로 된 제목을 가지고 있습니다.
• 65분짜리 앨범은 〈섀도 어프로치〉 앨범 이전에 발매되었습니다.
• 발매된 2번째 앨범 이름은 78분 앨범의 이름보다 알파벳에서 더
  앞자리에 있습니다.
• 〈파이터〉는 발매된 2번째 앨범보다 더 짧습니다.
• 가장 먼저 발매된 앨범은 58분이 아닙니다.

이 정보를 바탕으로 앨범이 나온 순서와 각각의 연주 길이를
추론할 수 있나요?

숨겨진 단어

아래의 문장 안에 숨겨져 있는 5명의 예술가 이름을
찾을 수 있나요?

He changed the topic as soon as he could.

그는 할 수 있는 한 빨리 화제를 돌렸습니다.

She had a lot of wisdom on eternal life.

그녀는 영생에 대해 풍부한 지혜를 가지고 있었습니다.

'Look! Ah, look!' I said,
pointing at the spectacle.

"봐! 이봐, 보라고!" 나는 장관을 이룬 광경을 가리키며 말했습니다.

The diplomat is secretly stealing information.

외교관은 비밀리에 정보를 훔치고 있습니다.

A strange feeling came over me,
eradicating my fear.

공포가 사라지면서 묘한 감정이 엄습해왔습니다.

108 애너그램 + 1

다음 각 행에는 뒤죽박죽된 단어와 1개의 추가 글자가 포함되어 있습니다. 이 여분의 글자들을 위에서 아래로 읽으면, 제대로 정리된 모든 단어와 어울리는 주제를 드러낼 것입니다.

We trim book

Boot a helium

Bye cecil

Core toes

Whole brawler

Rare bells sold

단서 연결하기

다음 단서를 풀어서 나온 모든 답의 연관성을
찾을 수 있나요?

A boat of Inuit origin

본래 이누이트족의 보트

Midday

한낮

Each stage in a video game

비디오 게임의 각 단계

Title of mistress of the house

집의 안주인을 이르는 말

A system of detection used to
locate ships and aircraft

선박과 항공기의 위치를 파악하는 데 사용되는 탐지 시스템

110 튜링 테스트

시저 암호를 풀어서 다음과 같은 앨런 튜링의 인용문을 해독하세요. 각 글자를 알파벳상에서 일정한 양만큼 앞이나 뒤로 옮기세요. 예를 들어, A를 C로 B를 D로 바꿀 수 있다면 Y를 A로 Z를 B로 바꿀 수 있게 되는 식입니다.

UR M YMOTUZQ UE QJBQOFQP FA

NQ UZRMXXUNXQ, UF OMZZAF

MXEA NQ UZFQXXUSQZF.

코드 코너

각각 특정한 문자 세트 암호를 적용한, 5명의 스파이
이름을 해독할 수 있나요?

86 105 114 103 105 110 105 97 32 72 97 108 108

83 105 100 110 101 121 32 82
101 105 108 108 121

74 97 109 101 115 32 65 114 109
105 115 116 101 97 100

77 97 116 97 32 72 97 114 105

71 105 97 99 111 109 111 32 67
97 115 97 110 111 118 97

112 음성 단서

다음 단어들을 보이는 대로 말하여, 가수의 이름을
맞혀보세요.

B NN A

L VV P R S L E

JJ 10 B B R

X L P P

N E L N X

자음 요약

아래와 같은 두뇌의 부분 이름에서 모든 모음, 공백,
하이픈이 삭제되었습니다. 그런 다음 원본 텍스트를
더 위장하기 위해 일부 공백을 추가 삽입했습니다.
빠진 문자를 복원해서 원래의 단어를 찾아낼 수 있나요?

M YG DL

CR BR LCR TX

HI P PCM PS

F RNT LL B

M DLL BL N GT

P TT RY GLN D

114 숨겨진 연결 부위

다음 단어 쌍들은 각각 3번째 단어를 은밀히 숨기고 있습니다. 이 3번째 단어는 1번째 단어의 끝과 2번째 단어의 시작에 추가되어 2개의 새로운 단어를 만들 수 있습니다. 6개의 숨겨진 단어를 모두 찾아낼 수 있나요?

MAIN _____ WORK

TYPE _____ WRITER

ANT _____ SIDE

SKULL _____ ABILITY

OVER _____ AWED

HARD _____ ALL

빠진 글자

다음 샬럿 브론테 소설에 나오는 인물들 이름에는
'JANE EYRE'에 있는 글자가 모두 빠져 있습니다. 빠진
글자들을 찾아 인물의 이름을 완성하세요.

BLCH IGM

DWD OCHST

DL VS

BTH MSO

GC POOL

LIZ D

116 표현하기

다음 5개의 평범한 구절을 각각 다시 표현할 수 있나요?

Situated in the area immediately above the round kicking-and-throwing object.

차고 던지는 동그란 물건 바로 위에 위치하기.

Tugging the support of your table.

테이블을 지지하는 것을 당기기.

Felines and canines are being created from condensation.

고양이들과 개들이 물방울로부터 생성되고 있다.

Growling skyward at the oak, not the willow.

버드나무가 아닌 참나무에 대고 으르렁거림.

The price of two body parts.

두 신체 부위의 가격.

동음이의어 단서

다음 단서를 풀어, 모든 답의 동음이의어 사이에서
연관성을 찾을 수 있나요?

Tree material opposite the west (8글자)

서쪽의 반대편에 있는 목재

Fasten male bird (9글자)

수컷 새를 매어 놓다

Absence of computer network (5글자)

컴퓨터 전산망의 부재

Sailor and social insect in nothing (9글자)

뱃사람과 사회적인 곤충은 아무것도 아니다

Floating glacier male (7글자)

떠다니는 수컷 빙하

118 빠진 글자

다음 세계적인 자연경관 지명들은 1칸씩 지날 때마다
글자가 빠져 있습니다. 빠진 글자를 채워 그 지명들을
맞혀보세요.

_M_Z_N _A_N_O_E_T

K_M_D_ I_L_N_

_A_L_ M_U_T_I_

H_ L_N_ B_Y

_O_N_ K_L_M_N_A_O

논리 퍼즐

다음 글을 읽고 마지막 질문에 답할 수 있는지
알아보세요.

4명의 스파이가 유럽에서 잠복 중입니다.
그들의 암호명은 크로우, 이글, 팔콘, 레이븐입니다. 1명은 암스테르담,
또 1명은 베를린, 다른 한 명은 런던, 나머지 1명은 파리에서 잠복
중입니다. 각각 일주일, 2주일, 1개월, 6개월을 잠복해 있습니다.
다음 사항들도 마찬가지로 진실입니다.

- 이글은 파리에 있는 스파이보다 더 오랫동안 잠복하고 있습니다.
- 팔콘은 2주일 이상 잠복하고 있습니다.
- 일주일째 잠복 중인 스파이는 암스테르담에 있는 스파이에 비해
  알파벳에서 앞선 순서에 있는 이름을 가지고 있습니다.
- 베를린의 스파이는 런던의 스파이보다 더 오랫동안 잠복하고
  있습니다.
- 암스테르담의 스파이는 팔콘보다 더 오랫동안 잠복하고 있습니다.
- 레이븐이 있는 도시의 이름은 일주일 동안 잠복해 있던 스파이의
  도시와 같은 길이의 이름입니다.

이 정보를 바탕으로 각 스파이의 암호명과 위치, 그리고 그들이 얼마나
오랫동안 잠복했는지 추론할 수 있나요?

120 숨겨진 단어

아래의 문장 안에 숨겨져 있는 그리스 신 5명의 이름을 찾을 수 있나요?

She tries to amaze us with her wild stories.

그녀는 색다른 이야기로 우리를 놀라게 하려고 한다.

She recounts the drama, then asks us what we think.

그녀는 드라마 내용을 얘기해준 다음 우리에게 어떻게 생각하느냐고 묻는다.

We give her a couple of comments and remarks.

우리는 그녀에게 몇 가지 지적과 의견을 말한다.

We are slightly too brief to convince her.

우리가 그녀를 설득하기에는 생각이 너무 짧다.

I suppose I don't need to say anything particularly profound.

내가 특별히 심오한 말을 할 필요는 없을 것 같다.

애너그램 + 1

다음 각 행에는 뒤죽박죽된 단어와 1개의 추가 글자가
포함되어 있습니다. 이러한 여분의 글자들을 위에서
아래로 읽으면, 제대로 정리된 모든 단어와 어울리는
주제를 드러낼 것입니다.

Happier gross

Blind yard

Sec trick

Flutter bye

Elect be

Meet bubble

Ant miss

122 단서 연결하기

아래의 단서를 풀어서 나온 모든 답의 연관성을
찾을 수 있나요?

Without a doubt

의심할 여지없이

To illegally seize control of a vehicle in transit

운송 중인 차량의 제어권을 불법적으로 장악하기

Arts and history museum
located in Amsterdam

암스테르담에 위치한 예술 및 역사박물관

Former name of the capital city of Turkey

터키의 옛 수도 이름

Well known German pork sausage

유명한 독일식 돼지고기 소시지

튜링 테스트

시저 암호를 풀어서 다음과 같은 앨런 튜링의 인용문을
해독하세요. 각 글자를 알파벳상에서 일정한 양만큼
앞이나 뒤로 옮기세요. 예를 들어, A를 C로 B를 D로 바꿀
수 있다면 Y를 A로 Z를 B로 바꿀 수 있게 되는 식입니다.

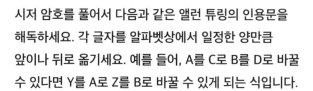

MU QHU DEJ YDJUHUIJUT YD JXU

VQSJ JXQJ JXU RHQYD XQI JXU

SEDIYIJUDSO EV SEBT FEHHYTWU.

코드 코너

각각 특정한 16진법 암호를 적용한, 스파이 소설을 쓴
5명의 작가 이름을 해독할 수 있나요?

4a 6f 68 6e 20 4c 65 20 43 61 72 72 65

49 61 6e 20 46 6c 65 6d 69 6e 67

47 72 61 68 61 6d 20 47 72 65 65 6e 65

52 6f 62 65 72 74 20 4c 75 64 6c 75 6d

4b 65 6e 20 46 6f 6c 6c 65 74 74

음성 단서

다음 단어들을 보이는 대로 말하여, 수역의 이름을 맞혀보세요.

KK P N C

N D N OO N

R A B N C

M AA N (R E 4)

A G N C

126 자음 요약

아래와 같은 원석의 이름들에서 모든 모음, 공백, 하이픈이
삭제되었습니다. 그런 다음 원래 단어를 더 위장하기 위해
일부 공백을 추가 삽입했습니다. 빠진 문자를 복원해서
원래의 단어를 찾아낼 수 있나요?

TR M LN

TR Q S

ML CHT

L PS LZ L

B SDN

C TR N

숨겨진 연결 부위

다음의 단어 쌍들은 각각 3번째 단어를 은밀히 숨기고 있습니다. 이 3번째 단어는 1번째 단어의 끝과 2번째 단어의 시작에 추가되어 2개의 새로운 단어를 만들 수 있습니다. 6개의 숨겨진 단어를 모두 찾아낼 수 있나요?

TIP _____ NAIL

TYPO _____ ALLY

DON _____ STROKE

GRAPE _____ YARD

WITH _____ BACK

COOK _____ SMART

128 빠진 글자

다음의 애거사 크리스티 소설 제목에 등장하는 장소들 이름에는 'AGATHA CHRISTIE'에 있는 글자가 모두 빠져 있습니다. 빠진 글자들을 찾아 장소의 이름을 완성하세요.

MOPOM

NL

BDD

BBN

FNKFU

ON

표현하기

다음 5개의 평범한 구절을 각각 다시 표현할 수 있나요?

Smash the tack on the upper body part.

상체 부위에 있는 압정을 때려라.

A portion of birthday dessert?

생일 디저트의 하나?

Untamed waterfowl pursuit.

길들여지지 않은 물새(특히 오리와 거위) 쫓기.

Larger salmon to sauté.

더 큰 연어를 재빨리 튀기기.

Provide a small coin for the results of your cogitation.

인식의 결과를 위해 작은 동전을 제공하다.

130 논리 퍼즐

다음 글을 읽고 마지막 질문에 답할 수 있는지
알아보세요.

정부의 첩보기관에서 일하는 이중간첩이 있습니다.
총격전으로 그린 요원은 사망했으며, 4명의 요원은 사라졌습니다.
블루, 오렌지, 핑크, 레드. 이 4명의 요원은 각기 다른 종류의 총을
가지고 있습니다. 1명은 베레타, 또 1명은 콜트, 다른 1명은 글록,
나머지 1명은 발터를 가지고 있습니다. 그들은 또한 4개의 다른 크기의
총알을 사용합니다. 각각 2mm, 3mm, 4mm, 6mm 총알입니다.
상처는 글록으로 입은 총상의 특징을 보입니다.
다음 사항들도 마찬가지로 진실입니다.

• 발터의 주인은 레드보다 더 큰 총알을 사용합니다.
• 4mm 총알을 사용하는 요원은 베레타의 사용자보다 더 긴 암호명을
  갖고 있습니다.
• 핑크의 총알은 오렌지의 총알의 절반 크기입니다.
• 글록은 짝수 크기의 총알을 사용합니다.
• 오렌지는 핑크보다 더 긴 이름의 총을 사용합니다.
• 발터의 소유자는 베레타의 소유자보다 알파벳 순서로 뒤에 있는
  암호명을 가지고 있습니다.

이 정보를 바탕으로 어떤 요원이 어떤 총을 사용하고 어떤 총알을
사용하는지 추측할 수 있나요? 누가 그린 요원을 쐈는지도 추론할 수
있나요?

숨겨진 단어

아래의 문장 안에 숨겨져 있는 아프리카 5개국의
이름을 찾을 수 있나요?

There's nowhere left to go.

더 이상 갈 곳이 없다.

She gave me a malignant smile.

그녀는 나에게 악의에 찬 미소를 지었다.

If you're busy now, maybe we can go later.

당신이 지금 바쁘면 우리는 나중에 가도 될 것 같다.

She pointed the elder wand at me
with a fierce glint in her eye.

그녀는 매서운 눈빛으로 쏘아보며 오래된 지팡이로 나를 가리켰다.

Would you rather watch a
romcom or Oscar bait?

로맨틱 코미디를 볼까, 아니면 오스카상 후보작을 볼까?

132 애너그램 + 1

다음 각 행에는 뒤죽박죽된 단어와 1개의 추가 글자가
포함되어 있습니다. 이 여분의 글자를 위에서 아래로
읽으면, 제대로 정리된 모든 단어와 어울리는 주제를
드러낼 것입니다.

Some mucky ice

A snubby gun

Eye prop

Knot clad dud

Towy tee

Toot cam

Pen bog snob

단서 연결하기

아래의 단서를 풀어서 나온 모든 답의 연관성을
찾을 수 있나요?

Occurring now
지금 일어나고 있음

Official authorization, eg for fishing
공식 승인, 예를 들면 낚시를

To dispute or call into question
분쟁을 벌이거나 의문을 제기하다

Instrument used by referee
심판이 사용하는 기구

A disrespectful or offensive criticism
무례하거나 모욕적인 비평

3단계

134 튜링 테스트

시저 암호를 풀어서 다음과 같은 앨런 튜링의 인용문을
해독하세요. 각 글자를 알파벳상에서 일정한 양만큼
앞이나 뒤로 옮기세요. 예를 들어, A를 C로 B를 D로 바꿀
수 있다면 Y를 A로 Z를 B로 바꿀 수 있게 되는 식입니다.

DNTPYNP TD L OTQQPCPYETLW

PBFLETZY. CPWTRTZY TD L

MZFYOLCJ NZYOTETZY.

코드 코너

각각 레일 펜스 암호를 적용한, 〈007〉 시리즈 소설을
시작하는 5가지 대사를 해독할 수 있나요?
얼마나 많은 레일이 요구되는지는 당신에게 달렸습니다.
이러한 대사가 어느 소설에 나왔는지도 말할 수 있나요?

IRIWWSUNNAAANGY

TCAMA WOAON ENTEH RGHSE TNSOE NSETF
CSNAE ASAIGT HEITE ONNEN DKDAA IRUTARNMI

TYEDW BKBOE RLFTH EEBHN TEIEL CRBEG
GLSEEODSLN ESIHD AURGWCAI

TEMNF AXIEE SEEHR AEOET OGETU
UYNHL FOAER TGNER MSRL RTIFCAT

TWIET ASLEL HTOHR YIHSO RDIUT
NOSYE TTGRE MAU

음성 단서

다음 단어들을 보이는 대로 말하여, 미국 대통령의
이름을 맞혀보세요.

ll N O R

K N A D

AA

P RR S

J 44 N

빠진 글자

다음 악기들의 이름은 1칸씩 지날 때마다 글자가
빠져 있습니다. 빠진 글자를 채워 악기들의 이름을
맞혀보세요.

A_C_R_I_N

_A_P_P_S

C_N_E_T_N_

_L_C_E_S_I_L

D_D_E_I_O_

_A_O_H_N_

1

- Austen(오스틴): My be<u>au sten</u>cilled a floral design.
- Woolf(울프): I bought <u>wool, f</u>orgetting that my needles were broken.
- Forster(포스터): We washed our hands <u>for steril</u>ization.
- Rowling(롤링): Tomorr<u>ow, lingu</u>ists will lecture us about speech development.
- Shelley(셸리): I observed the beautiful <u>shell, ey</u>es wide with admiration.

2

- 롬바드 로드는 일주일 동안 수도 공사를 합니다.
- 머튼 로드는 한 달 동안 가스 공사를 합니다.
- 뉴파크 로드는 2주 동안 전기 공사를 합니다.

3

여분의 글자를 연결한 단어는 'FRANCE(프랑스)'입니다.
- Paris(파리)
- Bordeaux(보르도)
- Lyon(리옹)
- Marseille(마르세유)
- Nice(니스)
- Cannes(칸)

4

연관성은 '묵음 K'입니다.

- Knuckle(손가락 관절)
- Knock(노크하다)
- Knot(노트)
- Knowledgeable(잘 알고 있는)
- Knife(칼)

5

각 글자를 2번째 앞에 있는 글자로 바꾸면 됩니다. 예를 들면, O의 2번째 앞에 있는 글자는 M이고, C의 2번째 앞에 있는 글자는 A입니다.

May not machines carry out something which ought to be described as thinking but which is very different from what a man does?
생각이라고 표현돼야 하지만 인간이 하는 생각과는 매우 다른 것을 혹시 기계는 수행할 수 있지 않을까?

6

연속한 두 문자를 서로 바꾸고, 적절하게 띄어쓰기 합니다.
- ERNST STAVRO BLOFELD(에른스트 스타프로 블로펠트)
- HUGO DRAX(휴고 드랙스)
- AURIC GOLDFINGER(오리크 골드핑거)
- LE CHIFFRE(르 시프르)
- ROSA KLEBB(로사 클레브)

7

VIENNA(비엔나)
CAIRO(카이로): 그리스 문자 사용
ALGIERS(알제리)
VIENTIANE(비엔티안)

ROSEAU(로조), 그리스 문자 2개 포함

8

CONSTITUTIONALISM(법치주의)
DICTATORSHIP(독재 정권)
OLIGARCHY(과두제)
TYRANNY(폭정)
ARISTOCRACY(귀족정치)
IMPERIALISM(제국주의)

9

- BOUND: OUTBOUND(아웃바운드),
  BOUNDLESS(무한)
- REST: HEADREST(머리 받침대),
  RESTRAIN(억제하다)
- FLOWER: SUNFLOWER(해바라기),
  FLOWERPOT(화분)
- FRUIT: GRAPEFRUIT(자몽),
  FRUITION(결실)
- FOLK: KINFOLK(친척),
  FOLKLORE(전통문화)
- POWER: WILLPOWER(의지력),
  POWERHOUSE(실세)

10

GOLDFINGER(골드핑거)
OCTOPUSSY(옥토퍼시)
GOLDENEYE(골든 아이)
LICENCE TO KILL(살인 면허)
FROM RUSSIA WITH LOVE(위기일발)
CASINO ROYALE(카지노 로얄)

11

Break a leg(행운을 빌어!).
Beggars can't be choosers(거지는
선택권이 없다).
Better safe than sorry(나중에
후회하느니 조심하는 것이 낫다).
There's no such thing as a free
lunch(공짜 점심은 없다).
The early bird gets the worm(일찍
일어나는 새가 벌레를 잡는다).

12

연관성은 '신체의 일부'입니다.
- Appendix: 맹장, 부록
- Back: 등, 지지하다
- Colon: 결장, 구두점
- Foot: 발, 피트
- Temple: 관자놀이, 사원

13

WINSTON CHURCHILL(윈스턴 처칠)
LEON TROTSKY(레온 트로츠키)
MAHATMA GANDHI(마하트마 간디)
FLORENCE NIGHTINGALE(플로렌스
나이팅게일)
ABRAHAM LINCOLN(에이브러햄 링컨)
MARTIN LUTHER KING(마틴 루서 킹)

14

- 직사각형은 금이고 왼쪽에 있습니다.
- 원은 청동이고 가운데에 있습니다.
- 마름모는 은이고 오른쪽에 있습니다.

15

Argo(아르고)

Alien(에일리언)

Chicago(시카고)

Grease(그리스)

Titanic(타이타닉)

'Argo'의 예를 들면, Where has the sugar gone?

16

연관성은 'LAKES(호수)'입니다.

· Tanganyika(탕가니카호)

· Superior(슈피리어호)

· Victoria(빅토리아호)

· Malawi(말라위호)

· Baikal(바이칼호)

17

연관성은 'FRENCH ORIGIN(프랑스어 어원)'입니다.

· Genre(장르)

· Croissant(크루아상)

· Rendezvous(랑데부)

· Entrepreneur(기업가)

· Ballet(발레)

18

각 글자를 알파벳상에서 4번째 뒤에 있는 글자로 바꾸면 됩니다. 예를 들면, W의 4번째 뒤에 있는 글자는 A이고, Y의 4번째 뒤에 있는 글자는 C입니다.

A computer would deserve to be called intelligent if it could deceive a human into believing that it was human.

만약 컴퓨터가 인간이라고 믿도록 인간을 속일 수 있다면 지적이라고 할 만하다.

19

알파벳의 각 문자가 알파벳 내의 문자가 가지는 위치로 대체됐습니다. 따라서 1=A, 2=B 등

· DANIEL CRAIG(대니얼 크레이그)

· ROGER MOORE(로저 무어)

· SEAN CONNERY(숀 코너리)

· PIERCE BROSNAN(피어스 브로스넌)

· TIMOTHY DALTON(티모시 돌턴)

20

TENNESSEE(테네시주)

UTAH(유타주)

INDIANA(인디애나주)

IOWA(아이오와주)

HAWAII(하와이주)

21

ACCELERATOR(가속장치)

TACHOMETER(회전 속도계)

SPARK PLUG(점화 플러그)

EXHAUST PIPE(배기 파이프)

PISTON(피스톤)

BRAKE PAD(브레이크 패드)

22

· KIN: PUMPKIN(호박), KINFOLK(친척)

· RUN: OUTRUN(추월),
  RUNWAY(활주로)

· FACE: INTERFACE(접점),
  FACELESS(정체불명의)

- BASE: DATABASE(데이터베이스), BASELINE(기준선)
- MINE: UNDERMINE(약화시키다), MINEFIELD(지뢰밭)
- MOTHER: GODMOTHER(대모), MOTHERBOARD(마더보드)

23

LORD VOLDEMORT(볼드모트 경)
SIRIUS BLACK(시리우스 블랙)
DRACO MALFOY(드레이코 말포이)
SEVERUS SNAPE(세베루스 스네이프)
RON WEASLEY(론 위즐리)
HARRY POTTER(해리 포터)

24

History repeats itself(역사는 되풀이된다).
Imitation is the sincerest form of flattery(모방은 아첨의 가장 진심 어린 형태다).
Good things come to an end(좋은 일에도 끝은 있다).
Home is where the heart is(집은 마음이 머무는 곳이다).
Time is money(시간은 돈이다).

25

연관성은 'ITEMS OF CLOTHING(의류 품목)'입니다.
- Blazer: 블레이저, 활활 타오름
- Boxers: 사각팬티, 복싱 선수
- Jeans: 청바지, 다섯 명의 진(진 브로디, 진 할로, 장발장……)
- Shorts: 반바지, 단편영화

- Sunglasses 선글라스, sung lasses(노래하는 처녀들)

26

BUZZARD(대머리수리)
SECRETARY BIRD(뱀잡이수리)
FALCON(매)
OSPREY(물수리)
VULTURE(콘도르)
GOSHAWK(참매)

27

- 알렉스는 빨간색 문이 있는 1번 집에 삽니다.
- 빌리는 초록색 문이 있는 5번 집에 삽니다.
- 찰리는 파란색 문이 있는 3번 집에 삽니다.

28

Poland(폴란드)
Austria(오스트리아)
Ireland(아일랜드)
France(프랑스)
Germany(독일)

29

추가된 단어를 연결하면
'PRIMATE(영장류)'입니다.
Gorilla(고릴라)
Lemur(여우원숭이)
Orangutan(오랑우탄)
Tarsier(안경원숭이)
Baboon(개코원숭이)
Chimpanzee(침팬지)
Gibbon(긴팔원숭이)

30

연관성은 '2개의 Z'입니다.
- Puzzle(퍼즐)
- Embezzle(횡령하다)
- Jacuzzi(자쿠지)
- Blizzard(눈보라)
- Dizzy(어지러운)

31

각 글자를 알파벳상에서 5번째 앞에 있는
글자로 바꾸면 됩니다. 예를 들면, B의
5번째 앞에 있는 글자는 W이고, J의 5번째
앞에 있는 글자는 E입니다.

We can only see a short distance
ahead, but we can see plenty there
that needs to be done.
우리는 조금의 앞만 보일 뿐인데, 거기서
해야 할 일은 많이 보여요.

32

아트바쉬 암호가 적용되어 A는 Z로
대체됐고 그 반대도 마찬가지고, B는 Y로
대체됐으며 그 반대도 마찬가지고, 계속

이런 식으로 나갑니다.
- CASINO ROYALE(카지노 로얄)
- ATOMIC BLONDE(아토믹 블론드)
- THE BOURNE IDENTITY(본
  아이덴티티)
- MISSION IMPOSSIBLE(미션 임파서블)
- THE LIVES OF OTHERS(타인의 삶)

33

AMARYLLIS(아마릴리스)
ANEMONE(아네모네)
AZALEA(아잘레아)
IRIS(아이리스)
ROSE(로즈)

34

AIKIDO(합기도)
CAPOEIRA(카포에이라)
KUNG FU(쿵푸)
TAE KWON DO(태권도)
KARATE(가라테)
MUAY THAI(무에타이)

35

- TIP: WINGTIP(날개 끝),
  TIPTOED(발끝으로 걷다)
- ENTRY: CARPENTRY(목공일),
  ENTRYWAY(입구의 통로)
- STAND: BANDSTAND(연주대),
  STANDSTILL(정지)
- FISHER: KINGFISHER(물총새),
  FISHERMAN(어부)
- QUEST: CONQUEST(정복),
  QUESTIONS(질문)
- LAP: OVERLAP(포개지다),

LAPPING(래핑)

36

ANTHONY HOPKINS(앤서니 홉킨스)
MICHAEL CAINE(마이클 케인)
KATE WINSLET(케이트 윈슬렛)
JOHN CLEESE(존 클리스)
KEIRA KNIGHTLEY(키이라 나이틀리)
RICHARD BURTON(리처드 버튼)

37

Money talks(돈이면 안 되는 게 없다).
Less is more(적을수록 많은 것이다).
Necessity is the mother of
invention(필요는 발명의 어머니다).
Keep your chin up(용기를 내라).
Don't shoot the messenger(전령을 쏘지
마라).

38

연관성은 'VEGETABLES(채소)'입니다.
• Carrot(당근), car rot(차가 부패함)
• Mushroom(버섯), mush room(곤죽 방)
• Radish(무), Ra dish[라(이집트 신화의
  태양신) 디시(접시)]
• Squash(스쿼시-음료), squash(스쿼시-
  스포츠)
• Turnip(순무), turn IP(IP로 바꿔라)

39

BAA BAA BLACK SHEEP(매에 매에 검은
양)
COCK A DOODLE DOO(꼬끼오)
HUMPTY DUMPTY(험티 덤티)
MARY HAD A LITTLE LAMB(메리와 아기

양)
LITTLE MISS MUFFET(리틀 미스 머핏)
THREE BLIND MICE(세 마리 눈먼 생쥐)

40

• 맨 아래에 놓인 책은 흰색이며
  400쪽입니다.
• 가운데에 놓인 책은 금색이며
  500쪽입니다.
• 맨 위에 놓인 책은 검은색이며
  200쪽입니다.

41

Orange(오렌지)
Banana(바나나)
Melon(멜론)
Cherry(체리)
Peach(복숭아)

42

연결된 단어는 'CHEESE(치즈)'입니다.
• Gouda(하우다치즈)
• Gruyere(그뤼예르치즈)
• Cheddar(체더치즈)
• Feta(페타치즈)
• Halloumi(할루미치즈)
• Mozzarella(모차렐라치즈)

43

연관성은 'NO VOWELS(모음이 없음)'입니다.

- Gypsy(집시)
- Myth(신화)
- Rhythm(리듬)
- Pygmy(피그미족)
- Crypt(과거 묘지로 쓰이던 교회 지하실)

44

각 글자를 알파벳상에서 바로 뒤에 있는 글자로 바꾸면 됩니다. 예를 들면, R의 바로 뒤에 있는 글자는 S이고, N의 바로 뒤에 있는 글자는 O입니다.

Sometimes it is the people no one can imagine anything of who do the things no one can imagine.
아무도 생각할 수 없는 일을 해내는 사람은 어느 누구도 짐작하지 못한 바로 그 사람인 경우가 있다.

45

표준 쿼티 배열의 키보드 문자를 왼쪽에서 오른쪽으로, 위에서 아래로 읽습니다. 그러면서 Q를 A로, W를 B로, E를 C로, R에서 D로 바꿔놓습니다.

- MOSSAD(모사드, 이스라엘의 비밀 정보기관)
- SECRET INTELLIGENCE SERVICE(비밀 정보부)
- NATIONAL SECURITY AGENCY(미국 국가안보국)
- GOVERNMENT COMMUNICATIONS HEADQUARTERS(영국 정보통신본부)
- FEDERAL BUREAU OF INVESTIGATION(미국 연방수사국)

46

JERUSALEM(예루살렘)
ORESTES(오레스테스)
ALCESTIS(알케스티스)
EUMENIDES(에우메니데스)
A RAISIN IN THE SUN(태양 속의 건포도)

47

AMBIENT(앰비언트, 환경음악)
BLUEGRASS(블루그래스)
REGGAE(레게)
GRUNGE(그런지)
GOSPEL(가스펠)
TECHNO(테크노)

48

- CHANGE: SHORTCHANGE(거스름돈을 덜 주다), CHANGEOVER(전환)
- ANTE: VIGILANTE(자경단원, ANTELOPE(영양)
- FINGER: FOREFINGER(집게손가락, FINGERPRINT(지문)
- FOOD: SEAFOOD(해산물), FOODSTUFF(식품)
- GROUNDS: BATTLEGROUNDS(전쟁터), GROUNDSWELL(여론 등의 고조)
- SNIP: PARSNIP(파스닙), SNIPPET(작은 정보)

49

SNATCH(스내치)
SHERLOCK HOLMES(셜록 홈즈)
REVOLVER(리볼버)
SUSPECT(서스펙트)
SWEPT AWAY(스웹트 어웨이)
THE HARD CASE(하드 케이스)

50

Opposites attract(정반대되는 사람들은
서로에게 끌린다).
Honesty is the best policy(정직이
최선의 방책이다).
You are what you eat(당신이 먹는 것이
바로 당신이다).
Revenge is sweet(복수는 달콤하다).
It takes two to tango(탱고를 추려면 둘이
필요하다-손뼉도 마주쳐야 소리가 난다).

51

연관성은 'BOATS(배)'입니다.
• Barge: 바지선, 밀치고 가다
• Cutter: 커터(소형 쾌속정), 절단기
• Junk: 정크(중국의 범선), 쓰레기
• Lighter: 거룻배, 라이터
• Liner: (대형) 여객선, 아이 라이너

52

PRINTER(프린터)
HARD DRIVE(하드 드라이브)
MICROPHONE(마이크)
KEYBOARD(키보드)
WEBCAM(웹캠)
MONITOR(모니터)

53

• 스도쿠는 중간 난이도이며 왼쪽 위에
  있습니다.
• 후토시키는 쉬우며 오른쪽 위에
  있습니다.
• 카쿠로는 어려우며 맨 아래에 있습니다.

54

Canada(캐나다)
Cuba(쿠바)
Panama(파나마)
Haiti(아이티)
Costa Rica(코스타리카)

55

연결된 단어는 'HERBS(허브)'입니다.
• Parsley(파슬리)
• Basil(바질)
• Thyme(타임, 백리향)
• Coriander(고수)
• Fennel(회향)

56

연관성은 1가지 유형의 모음으로 이뤄진
단어입니다.
• Elements(요소)
• Cumulus(적운, 뭉게구름)
• Banana(바나나)
• Monsoon(몬순)
• Hitch-hiking(히치하이킹)

57

각 글자를 알파벳상에서 8번째 앞에 있는 글자로 바꾸면 됩니다. 예를 들면, Q의 8번째 앞에 있는 글자는 I이고, B의 8번째 앞에 있는 글자는 T입니다.

It is possible to invent a single machine which can be used to compute any computable sequence.
모든 계산 가능한 수열을 계산하는 데 사용할 수 있는 단일 기계를 발명하는 것이 가능하다.

58

각 문자는 상응하는 모스부호 문자로 대체됐으며, '/'는 새로운 문자를 나타냅니다.
- ENIGMA(에니그마)
- BOMBE(봄브)
- CODEBREAKER(암호 해독가)
- BLETCHLEY(블레츨리)
- COMPUTING(컴퓨팅)

59

RHODESIA(로디지아)
FORMOSA(포르모사)
SIAM(시암)
ANNAM(안남)
NUMIDIA(누미디아)

60

ALLEGORY(알레고리-우화, 풍유)
BALLADE(발라드)
EPITAPH(비문-묘비에 새겨진 글)
LIMERICK(리머릭-5행 희시)
HAIKU(하이쿠-일본의 전통 단시)
EPIGRAM(에피그램-경구, 짧은 풍자시)

61

- MIND: MASTERMIND(주모자), MINDLESS(아무 생각이 없는)
- VERB: PROVERB(대동사), VERBALLY(말로)
- STAR: SUPERSTAR(슈퍼스타), STARBOARD(우현)
- PASS: UNDERPASS(지하 차도), PASSWORD(암호)
- BALL: BASKETBALL(농구공), BALLROOMS(무도회장)
- WAVE: SHORTWAVE(단파), WAVEFORM(파형)

62

THOMAS HARDY(토머스 하디)
RUDYARD KIPLING(러디어드 키플링)
JOHN MILTON(존 밀턴)
EMILY BRONTE(에밀리 브론테)
CHRISTINA ROSSETTI(크리스티나 로세티)
ELIZABETH BARRETT BROWNING(엘리자베스 배럿 브라우닝)

63

Talk is cheap(말이야 쉽지!).
Third time lucky(행운의 세 번째).
Count your blessings(자기가 누리는 좋은 것들에 감사하라).
What goes up must come down(올라간 것은 내려오게 되어 있다).
The more the merrier(많을수록 더 좋아).

64

연관성은 'FURNITURE(가구)'입니다.

- Chest: 나무 상자, 가슴
- Dresser: dress ER: 드레서, 옷을 입히다
- Hammock: ham mock: 해먹, 햄을 놀리다
- Ottoman: 오토만(등받이·팔걸이가 없는 긴 의자), 오스만제국
- Wardrobe: ward robe; 옷장, 병동 의복

65

연결된 단어는 'SEVEN(일곱)'입니다.

- Six(여섯)
- Three(셋)
- Eleven(열하나)
- Eight(여덟)
- Nine(아홉)

66

ACTION FIGURES(영웅이나 캐릭터 인형)
BOUNCY BALL(바운스 볼)
JIGSAW(조각 그림 맞추기)
SPINNING TOP(스피닝 탑-팽이)
ROCKING HORSE(흔들 목마)
BUILDING BLOCKS(블록 쌓기)

67

- '메인 이벤트'는 밤색이고 1위를 차지했습니다.
- '레인 오브 테러'는 백색이며 2위입니다.
- '핫 투 트롯'은 검은색이고 3위입니다.

68

Owl(부엉이)
Heron(왜가리)
Kiwi(키위)
Kingfisher(물총새)
Swallow(제비)

69

연결된 단어는 'POETS(시인)'입니다.

- Shakespeare(셰익스피어)
- Yeats(예이츠)
- Cummings(커밍스)
- Wilde(와일드)
- Milton(밀턴)

70

연관성은 'BALL(공)'입니다.

- Eye(눈)
- Basket(바구니)
- Cannon(대포)
- Curve(곡선)
- Snow(눈)

71

각 글자를 알파벳상에서 3번째 뒤에 있는 글자로 바꾸면 됩니다. 예를 들면, J의 3번째 뒤에 있는 글자는 M이고, X의 3번째 뒤에 있는 글자는 A입니다.

Machines take me by surprise with great frequency.
기계는 나를 매우 자주 놀라게 한다.

72

폴리비오스 사각형 암호화가 적용되어 각
숫자의 1번째 자릿수는 문자 집합(A에서
E, F에서 K, L에서 P 등)을 나타내고 2번째
자릿수는 사각형 안에 색인화됩니다.
폴리비오스 사각형에서 늘 그렇듯이, I와
J는 24라는 값을 공유합니다.

- JASON BOURNE(제이슨 본)
- GEORGE SMILEY(조지 스마일리)
- EVELYN SALT(에블린 솔트)
- JAMES BOND(제임스 본드)
- JACK RYAN(잭 라이언)

73

EMMA(에마)
ULYSSES(율리시스)
A TALE OF TWO CITIES(두 도시 이야기)
ANNA KARENINA(안나 카레니나)
NEUROMANCER(뉴로맨서)

74

AUROCHS(오록스-몸집 큰 야생 소)
THYLACINE(태즈메이니아늑대)
WOOLLY MAMMOTH(털북숭이 매머드)
QUAGGA(콰가-황색 얼룩말 비슷한 동물)
DODO(도도-새)
MEGALODON(메갈로돈-상어)

75

- LOAD: WORKLOAD(작업량),
  LOADSPACE(적재 공간)
- ANT: VIGILANT(바짝 경계하는),
  ANTEATER(개미핥기)
- ACT: IMPACT(영향), ACTIONS(조치)
- SALES: WHOLESALES(도매),

SALESMEN(판매원)
- PET: CARPET(카펫), PETTING(애무)
- DROP: RAINDROP(빗방울),
  DROPOUT(중퇴자)

76

ROALD DAHL(로알드 달)
PHILIP PULLMAN(필립 풀먼)
BEATRIX POTTER(베아트릭스 포터)
ENID BLYTON(에니드 블라이튼)
JACQUELINE WILSON(재클린 윌슨)
JULIA DONALDSON(줄리아 도널드슨)

77

Actions speak louder than words(말보다
행동이 중요하다).
Speak of the devil(호랑이도 제 말 하면
온다).
Under the weather(몸이 좀 안 좋다).
Curiosity killed the cat(호기심이
고양이를 죽인다).
Ignorance is bliss(모르는 게 약이다).

78

연관성은 'SCIENTISTS(과학자)'입니다.
- Crick: 크릭, (목이나 허리의) 근육 경련
- Curie(퀴리), cur, ie(즉, 똥개)
- Hawking: 호킹, 매사냥
- Lovelace(러브레이스), love
  lace(레이스를 좋아하다)
- Newton(뉴턴), new ton(새로운 톤)

79

ARISTOTLE(아리스토텔레스)
CHOMSKY(촘스키)

NIETZSCHE(니체)
ROUSSEAU(루소)
SARTRE(사르트르)
LEIBNIZ(라이프니츠)

80

- 딜리버런스호는 3시에 뉴헤이번에 정박할 것입니다.
- 오디세이호는 1시에 도버에 정박할 것입니다.
- 트라이엄프호는 2시에 카우스에 정박할 것입니다.

81

Clog(나막신)
Espadrille(에스파드리유)
Brogue(브로그)
Sandal(샌들)
Slipper(슬리퍼)

82

연결된 단어는
'MAMMALS(포유류)'입니다.
- Mouse(쥐)
- Dolphin(돌고래)
- Elephant(코끼리)
- Blue Whale(흰긴수염고래)
- Squirrel(다람쥐)
- Beaver(비버)
- Cheetah(치타)

83

연관성은
'PORTMANTEAU(혼성어)'입니다.
- Smog(스모그)

- Brunch(브런치)
- Eurasia(유라시아)
- Sitcom(시트콤)
- Motel(모텔)

84

각 글자를 알파벳상에서 7번째 앞에 있는 글자로 바꾸면 됩니다. 예를 들면, H의 7번째 앞에 있는 글자는 A이고, T의 7번째 앞에 있는 글자는 M입니다.

A man provided with paper, pencil, and rubber, and subject to strict discipline, is in effect a universal machine.
종이, 연필, 지우개가 제공되고 엄격한 훈육을 받은 사람은 사실상 만능 기계다.

85

키워드의 문자를 A에서 J로 변경한 다음 SoundTRACK에 사용되지 않는 알파벳의 문자를 알파벳 순서대로 K에서 Z로 변환해야 합니다.
- DURAN DURAN(듀란듀란)
- MADONNA(마돈나)
- SHIRLEY BASSEY(셜리 배시)
- NANCY SINATRA(낸시 시나트라)
- TOM JONES(톰 존스)

86

TEA(차)
BEER(맥주)
ROSÉ(로제-와인)
PINOT NOIR(피노 누아-와인)
TIA MARIA(티아 마리아-음료)

87

BOTTICELLI(보티첼리)
DA VINCI(다빈치)
RAPHAEL(라파엘)
MICHELANGELO(미켈란젤로)
DONATELLO(도나텔로)
BOSCH(보쉬)

88

- WORKS: GASWORKS(가스공장),
  WORKSHOP(작업장)
- NUT: PEANUT(땅콩),
  NUTSHELLS(견과류 껍질)
- YARD: SHIPYARD(조선소),
  YARDSTICKS(척도)
- AFTER: HEREAFTER(이후로),
  AFTERSHAVE(애프터셰이브 로션)
- NOTE: KEYNOTE(주안점),
  NOTEWORTHY(주목할 만한)
- EVER: FOREVER(영원히),
  EVERGREEN(상록수)

89

MACBETH(맥베스)
THE TEMPEST(폭풍우)
HENRY V(헨리 5세)
KING LEAR(리어왕)
HAMLET(햄릿)
THE WINTER'S TALE(겨울 이야기)

90

Break the ice(어색한 분위기를 깨라).
Money doesn't grow on trees(돈은
나무에서 자라지 않는다).
Love is blind(사랑은 맹목적이다).

Time flies(시간이 참 빠르다).
Bite the bullet(꾹 참아라).

91

연관성은 'LANGUAGES(언어)'입니다.
- Catalan(카탈로니아어), cat
  Alan(고양이 앨런)
- Hebre(히브리어), he brew(그가
  양조한다)
- Mandarin: 만다린어, 귤
- Polish: 폴란드어, 윤내다
- Romanian(루마니아어), Roman
  Ian(로마인 이안)

92

ARCHIPELAGO(군도, 제도)
PENINSULA(반도)
TUNDRA(툰드라)
SAVANNAH(사바나)
RIVERBED(강바닥)
GLACIER(빙하)

93

- 감청색 차는 토요타로 수요일에 사무실
  밖에 주차돼 있었습니다.
- 은색 차는 닛산으로 화요일에 사무실
  밖에 주차돼 있었습니다.
- 흰색 차는 르노로 월요일에 사무실 밖에
  주차돼 있었습니다.

94

China(중국)
Iran(이란)
Yemen(예멘)
Armenia(아르메니아)

India(인도)

95
연결된 단어는 'SPORTS(스포츠)'입니다.
- Tennis(테니스)
- Basketball(농구)
- Cricket(크리켓)
- Baseball(야구)
- Rugby(럭비)
- Golf(골프)

96
연관성은 'FIRE(불, 해고하다,
발사하다)'입니다.
- Lighter(라이터)
- Proof(프루프-술의 알콜도수)
- Work(일터)
- Wood(나무)
- Fly(파리, 쏘아 올리다)

97
각 글자를 알파벳상에서 5번째 뒤에 있는
글자로 바꾸면 됩니다. 예를 들면, O의
5번째 뒤에 있는 글자는 T이고, C의 5번째
뒤에 있는 글자는 H입니다.

Those who can imagine anything, can
create the impossible.
무엇이든 상상할 수 있는 사람은 불가능한
것을 만들 수 있다.

98
각각의 이진수는 알파벳의 문자 값을
나타냅니다, 여기서 A=1, B=2, 등입니다.
(참고로, 이진수 1=십진수 1, 이진수

10=십진수 2, 이진수 11=십진수 3, 이진수
100=십진수 4…… 등과 같습니다.)
- GOLDFINGER(골드핑거)
- MOONRAKER(문레이커)
- THUNDERBALL(썬더볼)
- YOU ONLY LIVE TWICE(007 두번
  산다)
- LIVE AND LET DIE(죽느냐 사느냐)

99
ORZO(오르조)
GEMELLI(제멜리)
FETTUCCINE(페투치네)
FARFALLE(파르팔레)
ORECCHIETTE(오레키에테)

100
PACEMAKER(박동조율기)
TOURNIQUET(지혈대)
SYRINGE(주사기)
DEFIBRILLATOR(제세동기)
FORCEPS(겸자)
CATHETER(카테터)

101

- CLASS: UNDERCLASS(최하층 계급),
  CLASSROOMS(교실)
- FIRE: SUREFIRE(확실한),
  FIREBRAND(선동가)
- LET: TABLET(정제, 명판),
  LETDOWN(실망)
- PARK: BALLPARK(야구장),
  PARKWAY(공원 도로)
- LIGHT: MOONLIGHT(달빛),
  LIGHTHEARTED(편안한 마음으로)
- BODY: SOMEBODY(누군가),
  BODYWORK(차체)

102

OLIVER TWIST(올리버 트위스트)
DAVID COPPERFIELD(데이비드
코퍼필드)
BLEAK HOUSE(황폐한 집)
THE PICKWICK PAPERS(픽윅 클럽
여행기)
OUR MUTUAL FRIEND(우리 공통의
친구)
THE BATTLE OF LIFE(생의 전투)

103

Beat around the bush(변죽만 울리다-
빙빙 돌려서 말하다).
*bush: 호주의 미개간지를 말함
Cutting corners(잔머리 굴리다-절차를
따르지 않음으로써 시간 및 돈을 절약하는
것).
Hit the sack(자러 가다).
The last straw(최후의 결정타).
Miss the boat(좋은 기회나 때를 놓치다).

104

연관성은 'HATS(모자)'입니다.
- Bowler(중산모, 볼링 선수)
- Busby(버즈비-영국 경비병 모자), bus
  by(버스 타고 지나가다)
- Deerstalker(디어스토커-사냥 모자),
  deer stalker(사슴 사냥꾼)
- Fez(페즈-이슬람 국가에서 모자, 페즈-
  모로코 북부 도시)
- Sombrero(솜브레로-챙 넓은 모자),
  sombrer 'O'(진지한 'O')

105

BAHT(밧)
DRACHMA(드라크마)
RAND(랜드)
SHEKEL(셰켈)
GUILDER(길더)
REAL(헤알)

106

- 〈파이터〉는 가장 먼저 출시되었으며
  47분 길이의 앨범입니다.
- 〈브론즈 로〉는 2번째로 발매된 앨범으로
  65분 길이입니다.
- 〈섀도 어프로치〉는 3번째로 발매된
  앨범으로 58분 길이입니다.
- 〈슬립 웰〉은 4번째로 발매된 앨범으로
  78분 길이의 앨범입니다.

107

Picasso(피카소)
Monet(모네)
Kahlo(칼로)
Matisse(마티스)

Vermeer(페르메이르)

108

연결된 단어는 'WHEELS(바퀴)'입니다.
- Motorbike(모터바이크)
- Automobile(자동차)
- Bicycle(자전거)
- Scooter(스쿠터)
- Wheelbarrow(외바퀴 손수레)
- Rollerblades(롤러블레이드)

109

연관성은 'PALINDROME(회문)'입니다.
- Kayak(카약)
- Noon(정오)
- Level(레벨)
- Madam(마담)
- Radar(레이더)

110

각 글자를 알파벳상에서 12번째 앞에
있는 글자로 바꾸면 됩니다. 예를 들면,
U의 12번째 앞에 있는 글자는 I이고, R의
12번째 앞에 있는 글자는 F입니다.

If a machine is expected to be infallible,
it cannot also be intelligent.
기계가 결코 실수하지 않을 것으로
예상된다면, 그것 역시 지능적이라고 할 수
없다.

111

각 값은 아스키코드에 있는 암호입니다.
따라서 32=공백, 65=A, 66=B 등이며,
97=a, 98=b 등입니다.

- VIRGINIA HALL(버지니아 홀)
- SIDNEY REILLY(시드니 라일리)
- JAMES ARMISTEAD(제임스
  아미스테드)
- MATA HARI(마타 하리)
- GIACOMO CASANOVA(자코모
  카사노바)

112

BEYONCÉ(비욘세)
ELVIS PRESLEY(엘비스 프레슬리)
JUSTIN BIEBER(저스틴 비버)
AXL ROSE(액슬 로즈)
ANNIE LENNOX(애니 레녹스)

113

AMYGDALA(편도체)
CEREBRAL CORTEX(대뇌피질)
HIPPOCAMPUS(해마)
FRONTAL LOBE(전두엽)
MEDULLA OBLONGATA(연수)
PITUITARY GLAND(뇌하수체)

114

- FRAME: MAINFRAME(중앙 컴퓨터), FRAMEWORK(뼈대, 체계)
- SCRIPT: TYPESCRIPT(타자한 원고), SCRIPTWRITER(스크립트 라이터)
- HILL: ANTHILL(개미총), HILLSIDE(산비탈)
- CAP: SKULLCAP(베레모), CAPABILITY(능력)
- SEES: OVERSEES(감독하다), SEESAWED(시소를 타다)
- COVER: HARDCOVER(양장본), COVERALL(총망라)

115

BLANCHE INGRAM(블랑쉬 잉그램)
EDWARD ROCHESTER(에드워드 로체스터)
ADELE VARENS(아델 바랑)
BERTHA MASON(버사 메이슨)
GRACE POOLE(그레이스 풀)
ELIZA REED(엘리자 리드)

116

On the ball(사정을 훤히 꿰뚫고 있다).
Pulling your leg(농담하다, 놀리다).
Raining cats and dogs(비가 억수같이 쏟아지다).
Barking up the wrong tree(헛다리를 짚다).
Costs an arm and a leg(돈이 엄청 많이 들다).

117

연관성은 'FILM DIRECTORS(영화감독)'입니다.

- Eastwood(이스트우드 감독), east wood(동쪽 목재)
- Hitchcock(히치콕 감독), hitch cock(수탉을 말뚝에 매다)
- Nolan(놀런 감독), no LAN(랜이 없음)
- Tarantino(타란티노 감독), tar ant in 'o'('o' 안에 있는 뱃사람[tar]과 개미)
- Bergman(베리만 감독): berg man(빙산 맨)

118

AMAZON RAINFOREST(아마존 열대우림)
KOMODO ISLAND(코모도섬)
TABLE MOUNTAIN(테이블산)
HA LONG BAY(하롱 베이)
MOUNT KILIMANJARO(킬리만자로산)

119

- 크로는 런던에서 일주일째 잠복 중입니다.
- 이글은 암스테르담에서 6개월 동안 잠복 중입니다.
- 팔콘은 파리에서 한 달 동안 잠복 중입니다.
- 레이븐은 베를린에서 2주째 잠복 중입니다.

120

Zeus(제우스)
Athena(아테나)
Hera(헤라)
Ares(아레스)
Poseidon(포세이돈)

121

연결된 단어는 'INSECTS(곤충)'입니다.

- Grasshopper(메뚜기)
- Ladybird(무당벌레)
- Cricket(귀뚜라미)
- Butterfly(나비)
- Beetle(딱정벌레)
- Bumblebee(호박벌)
- Mantis(사마귀)

122

연관성은 알파벳 순서대로 차례로 이어진 3글자입니다.

- Definite(확실한)
- Hijack(차량, 특히 비행기를 납치하다)
- Rijksmuseum(레이크스 국립 박물관)
- Constantinople(콘스탄티노플)
- Bratwurst(부라트부르스트)

123

각 글자를 알파벳상에서 10번째 뒤에 있는 글자로 바꾸면 됩니다. 예를 들면, M의 10번째 뒤에 있는 글자는 W이고, U의 10번째 뒤에 있는 글자는 E입니다.

We are not interested in the fact that the brain has the consistency of cold porridge.
우리는 두뇌가 차가운 죽의 농도를 갖고 있다는 사실에는 관심이 없다.

124

각 숫자는 각 문자의 아스키코드 값의 수를 16진법 수로 나타낸 것입니다(퍼즐 111번 참조).

- JOHN LE CARRE(존 르 카레)
- IAN FLEMING(이언 플레밍)
- GRAHAM GREENE(그레이엄 그린)
- ROBERT LUDLUM(로버트 러들럼)
- KEN FOLLETT(켄 폴릿)

125

CASPIAN SEA(카스피해)

INDIAN OCEAN(인도양)

ARABIAN SEA(아라비아해)

AMAZON RIVER(아마존강]

AEGEAN SEA(에게해)

126

TOURMALINE(전기석)

TURQUOISE(터키석)

MALACHITE(공작석)

LAPIS LAZULI(청금석)

OBSIDIAN(흑요석)

CITRINE(황수정)

127

- TOE: TIPTOE(발끝), TOENAIL(발톱)
- GRAPHIC: TYPOGRAPHIC(인쇄술), GRAPHICALLY(도표로)
- KEY: DONKEY(당나귀), KEYSTROKE(컴퓨터의 키를 한 번 누르기)
- VINE: GRAPEVINE(포도 덩굴), VINEYARD(포도밭)
- DRAW: WITHDRAW(철수), DRAWBACK(결점)
- OUT: COOKOUT(야외요리), OUTSMART(~보다 한 수 앞서다)

128

- MESOPOTAMIA(메소포타미아), 《메소포타미아의 살인》
- NILE(나일강), 《나일강의 죽음》
- BAGHDAD(바그다드), 《그들은 바그다드로 갔다》
- CARIBBEAN(카리브해), 《카리브해의 미스터리》
- FRANKFURT(프랑크푸르트), 《프랑크푸르트행 승객》
- ORIENT(오리엔트), 《오리엔트 특급 살인 사건》

129

Hit the nail on the head(정곡을 찌르다).
A piece of cake(식은 죽 먹기).
Wild goose chase(헛수고, 쓸데없는 노력).
Bigger fish to fry(더 중요한 일이 있다).
Penny for your thoughts(무슨 생각을 그렇게 하고 있어?).

130

- 블루는 베레타를 쓰며 6mm 총알을 사용합니다.
- 오렌지는 발터를 쓰며 4mm 총알을 사용합니다.
- 핑크는 글록을 쓰며 2mm 총알을 사용합니다.
- 레드는 콜트를 쓰며 3mm 총알을 사용합니다.
- 따라서 핑크가 그린을 죽였습니다.

131

Togo(토고)
Mali(말리)
Angola(앙골라)
Rwanda(르완다)
Comoros(코모로)

132

연결된 단어는 'CARTOON(만화)'입니다.

- Mickey Mouse(미키마우스)
- Bugs Bunny(벅스 버니)
- Popeye(뽀빠이)
- Donald Duck(도널드 덕)
- Tweety(트위티)
- Tom Cat(톰 캣)
- Spongebob(스폰지밥)

133

연관성은 이 단어들이 모두 명사이자 동사라는 점입니다.

- Present(현재, 참석하다)
- Permit(허락, 승인하다)
- Contest(경쟁, 다투다)
- Whistle(호루라기, 호루라기를 불다)
- Insult(모욕, 모욕하다)

134

각 글자를 알파벳상에서 15번째 뒤에 있는 글자로 바꾸면 됩니다. 예를 들면, D의 15번째 뒤에 있는 글자는 S이고, N의 15번째 뒤에 있는 글자는 C입니다.

Science is a differential equation. Religion is a boundary condition 과학은 미분방정식이다. 종교는 경계조건이다.

135

레일펜스 암호는 3개의 레일을
사용합니다. 3개의 행(가로)과 글자
수만큼의 열(세로)을 그려 표를 만든 다음,
왼쪽 상단부터 시작하여 표를 가로질러
대각선으로 주어진 텍스트를 씁니다. 그런
다음 각 행에서 해답을 읽을 수 있습니다.

- I WAS RUNNING AWAY: 《나를 사랑한
  스파이》
- THE SCENT AND SMOKE AND
  SWEAT OF A CASINO ARE
  NAUSEATING AT THREE IN THE
  MORNING: 《카지노 로얄》
- THE EYES BEHIND THE WIDE BLACK
  RUBBER GOGGLES WERE COLD AS
  FLINT: 《유어 아이스 온리》
- THERE ARE MOMENTS OF GREAT
  LUXURY IN THE LIFE OF A SECRET
  AGENT: 《죽느냐 사느냐》
- THE TWO THIRTY-EIGHTS ROARED
  SIMULTANEOUSLY: 《문레이커》

DIDGERIDOO(디저리두)
SAXOPHONE(색소폰)

136

EISENHOWER(아이젠하워)
KENNEDY(케네디)
HAYES(헤이스)
PIERCE(피어스)
JEFFERSON(제퍼슨)

137

ACCORDION(아코디언)
BAGPIPES(백파이프)
CONCERTINA(콘서티나)
GLOCKENSPIEL(글로켄슈필)

옮긴이 이은경

광운대학교 영문학과를 졸업했다. 저작권에이전시에서 에이전트로 근무했으며, 현재 번역에이전시 엔터스코리아에서 출판 기획 및 전문 번역가로 활동하고 있다. 주요 역서로는『튜링과 함께하는 아이큐 퍼즐』『튜링과 함께하는 숫자 퍼즐』『DK 체스 바이블』『멘사 지식 퀴즈 1000』『멘사퍼즐 수학게임 : IQ 148을 위한』『수학 올림피아드의 천재들』『원자에서 우주까지 과학 수업 시간입니다』등이 있다.

튜링 테스트 3

튜링과 함께하는 암호 해독

초판 1쇄 인쇄일 2023년 3월 24일
초판 1쇄 발행일 2023년 4월 7일

지은이	튜링 재단·개러스 무어
옮긴이	이은경
펴낸이	강병철
편집	정사라 최웅기 박혜진
디자인	박정은
마케팅	유정래 한정우 전강산
제작	홍동근

펴낸곳	이지북
출판등록	1997년 11월 15일 제105-09-06199호
주소	02755 서울시 마포구 양화로6길 49
전화	편집부 (02)324-2347 경영지원부 (02)325-6047
팩스	편집부 (02)324-2348 경영지원부 (02)2648-1311
이메일	ezbook@jamobook.com

ISBN	978-89-5707-318-6 (04410)
	978-89-5707-253-0 (세트)

잘못된 책은 교환해 드립니다.

"콘텐츠로 만나는 새로운 세상, 콘텐츠로 만나는 새로운 방법, 책에 대한 새로운 생각"
이지북 출판사는 세상 모든 것에 대한 여러분의 소중한 콘텐츠를 기다립니다.